# MÉMOIRE

SUR LA

# PROPRIÉTÉ DES MINES

DE

## SAINT-GEORGES-D'HURTIÈRES

ET AUTRES LOCALITÉS VOISINES

POUR

## M. BERTHOD

ET LA COMPAGNIE GÉNÉRALE ANONYME DES MINES ET HAUTS-FOURNEAUX

## DE LA MAURIENNE.

———

PARIS

IMPRIMERIE DIVRY ET C.,

RUE NOTRE-DAME DES CHAMPS, 49.

1865

# MÉMOIRE

SUR LA

# PROPRIÉTÉ DES MINES

DE

## SAINT-GEORGES-D'HURTIÈRES

ET AUTRES LOCALITÉS VOISINES

POUR

## M. BERTHOD

ET LA COMPAGNIE GÉNÉRALE ANONYME DES MINES ET HAUTS-FOURNEAUX

## DE LA MAURIENNE.

PARIS

IMPRIMERIE DIVRY ET Cⁱᵉ,

RUE NOTRE-DAME DES CHAMPS, 49.

1865

# TABLE DES MATIÈRES.

## PRÉLIMINAIRES

§ 1. Situation présente ............................................... 1
§ 2. Nature des prétentions qui sont mises en avant par les divers exploitants
ACTUELS .......................................................... 3
§ 3. Plan du travail. — Examen chronologique des diverses dispositions législatives qui ont régi en Savoie les mines et minières ................. 4

## CHAPITRE PREMIER

Étude de la question pendant la période antérieure aux Royales
Constitutions de 1723.

### 1re SECTION.

#### EXAMEN DE LA LÉGISLATION.

Le droit sur les mines a été dès l'origine domanial et régalien. — Influence du droit romain. — Le Souverain n'était pas seul propriétaire des mines. — Droits divers que le
Souverain pouvait conserver ou aliéner. — Distinction du droit de propriété et du droit
de seigneuriage ...................................................... 5

### 2me SECTION.

#### EXAMEN DES ACTES ET DES FAITS ANTÉRIEURS AUX ROYALES CONSTITUTIONS DE 1723.

*Du 1er juin 1289 au 24 septembre 1344.*

§ 1. Permission d'exploiter les mines accordée par le comte Amédée de Savoie à Ugolin
Bérix. — Transaction entre le même comte et le seigneur Nantelme d'Hurtières relativement au fief de ce nom ............................................... 8

*Du 24 septembre 1344 au 13 décembre 1353.*

§ 2. Transaction entre le comte Amédée de Savoie et le seigneur Pierre d'Hurtières relativement au droit de seigneuriage.............................................. 9

*Du 13 décembre 1353 au 10 mai 1440.*

§ 3. Maintien de la situation créée par la transaction du 24 septembre 1344........... 18

*Du 10 mai 1440 au 4 décembre 1497.*

§ 4. Cession d'une partie du fief d'Hurtières par le seigneur Anthelme de Miolans au comte Louis de la Chambre. — Prétentions de celui-ci à la propriété des mines. — Procès devant la Chambre des comptes. — Saisie des mines et suspension des exploitations. — Concessions faites à divers par le comte de la Chambre. — Des lettres patentes confirment la propriété des mines aux seigneurs d'Hurtières........................ 20

*Du 4 décembre 1497 au 24 octobre 1566.*

§ 5. Conséquences des lettres patentes du 17 mars 1497. — Nouvelles reconnaissances des droits de propriété des seigneurs de la Chambre sur les mines d'Hurtières.,... 30

*Du 24 octobre 1566 au 2 septembre 1623.*

§ 6. Accensement du fief et des mines d'Hurtières. — La propriété des mines passe aux princes de la maison de Savoie.................................................... 35

*Du 2 septembre 1623 au 5 août 1687.*

§ 7. Permissions diverses d'exploiter, accordées par le baron de Châteauneuf. — Caractères et conséquences de ces permissions. — La propriété des mines d'Hurtières passe aux mains du baron de Châteauneuf. — Acte de vente des 22 février et 5 août 1687. — Légalité de cette vente................................................. 38

*Du 5 août 1687 aux Royales Constitutions de 1723.*

§ 8. Procès entre le baron de Châteauneuf et l'évêque de Maurienne. — La baronnie d'Hurtières devient comté. — Limites de ce comté. — Le prince de Carignan cède au banquier Marquisio une partie du prix de la baronnie d'Hurtières. — Acte du 24 juillet 1715 entre Marquisio et la baronne Bergère de Châteauneuf. — Nature et portée de cet acte............................................................... 46

§ 9. RÉSUMÉ................................................. 49

# CHAPITRE DEUXIÈME

**Étude de la question sous l'empire des Royales Constitutions de 1723 et du manifeste de la Chambre des comptes de 1738.**

## 1re SECTION.

### EXAMEN DE LA LÉGISLATION.

§ 1. Dispositions des Royales Constitutions sur les mines et minières..... ........... 51

INFLUENCE DES ROYALES CONSTITUTIONS SUR LES FAITS ACCOMPLIS ET SUR L'AVENIR.

§ 2. Les royales constitutions n'ont pas eu d'effet rétroactif. — Respect et maintien des droits acquis. — Nouvelle classe possible d'exploitants. — Nécessité pour les exploitants, autres que la famille de Châteauneuf ou ses représentants, de justifier d'une permission............................................................................................... 53

## 2me SECTION.

EXAMEN DES ACTES ET DES FAITS ACCOMPLIS SOUS L'EMPIRE DES ROYALES CONSTITUTIONS DE 1723.

### De 1723 à 1755.

§ 1. Situation du banquier Marquisio à la suite de l'acte du 24 juillet 1715. — Il tombe en déconfiture et meurt ; une discussion s'ouvre sur ses biens. — Un sieur Tabasse ou Tabasco est nommé procureur pour l'économat des fiefs d'Hurtières. — Exploitation du sieur Chardonnet. — Faits importants à examiner............................... 56

#### 1.

Procès intenté par le sieur Tabasse contre divers exploitants des mines d'Hurtières. — Ce procès n'a pour objet que le droit de seigneuriage. — Témérité des articulations produites par les exploitants........................................................................ 58

#### 2.

Accensement des revenus du fief d'Hurtières au profit de Jacques Didier. — Acquisitions de fosses faites par ce dernier. — Nomenclature et caractère de ces acquisitions. — Plusieurs habitants d'Hurtières exploitent des mines dans le mandement d'Hurtières. — Pourquoi la possession ne pouvait pas alors conduire le possesseur à la propriété.............................................................................................. 62

#### 3.

Concessions émanées du pouvoir souverain. — Concession à la Société Savage et Vlieger ; des réserves sont faites en faveur des mines d'Hurtières. — Autre concession faite à la Société Duplisson ; défense lui est faite d'exploiter ces mines. — Autre concession faite à la Société Sherdley, Grosset et Cie ; elle n'exploite pas ces mines.............. 64

#### 4.

Nouvelles acquisitions faites par Jacques Didier. — Nomenclature de ces acquisitions. — Leurs conséquences juridiques..................................................... 68

#### 5.

Procès intenté par l'évêque de Maurienne. — Ces procès sont sans intérêt pour la solution de la question de propriété des mines................................................... 72

### De 1755 à la fin de 1758.

§ 2. Mort de Jacques Didier. — Il institue l'hôpital de Chambéry pour son héritier. — Mise en vente des 14 fosses acquises par Jacques Didier. — L'adjudicataire Dumésier déclare command au profit de Jean Cash, qui fait lui-même l'apport des fosses à la Société Villat. — Arrêt du Sénat de Savoie, duquel il résulte que Marquisio n'est pas propriétaire, mais seulement créancier gagiste du fief d'Hurtières. — Conséquences des décisions judiciaires analysées. — L'adjudication tranchée au profit de Jean Cash ne l'a pas investi de la propriété de toutes les mines d'Hurtières........................................ 72

## IV

De la fin de 1758 à 1770.

§ 3. Requête de la Société Villat à la chambre des Comptes afin d'obtenir la confirmation de l'acquisition de 1758. — Motif de cette requête. — Elle n'a pour objet que d'obtenir la confirmation de la vente des 14 fosses comprises dans l'hoirie Didier. — Conclusions du Procureur général tendant à revendiquer pour le Royal patrimoine le droit de seigneuriage. — Transaction entre l'évêque de Maurienne et le Royal patrimoine....  78

# CHAPITRE TROISIÈME

### Étude de la question sous l'empire de la Constitution de 1770.

#### 1re SECTION.

##### EXAMEN DE LA LÉGISLATION.

La Constitution de 1770 est semblable à celle de 1723. .............................  81

#### 2me SECTION.

##### EXAMEN DES ACTES ET DES FAITS ACCOMPLIS SOUS L'EMPIRE DE LA CONSTITUTION DE 1770.

De 1770 au 25 janvier 1773.

§ 1. Distinction à établir entre le droit de seigneuriage, le droit des minières et le droit de propriété. — Les curateurs à la discussion Marquisio et à la discussion de Châteauneuf interviennent au procès. — Celui-ci revendique l'intégralité du droit des minières. — Découverte de la transaction de 1344. — Le Procureur général se réduit à demander pour le Royal patrimoine la moitié du droit des minières. — Lettres patentes du 25 janvier 1772 au profit de la Société Villat. — Elle obtient le droit d'exploiter les fosses acquises en 1758. — Arrêt de la Chambre des comptes du 25 janvier 1773. — La moitié du droit des minières est attribuée au Royal patrimoine. — La question de propriété des mines est ajournée.........................................................  81

Du 25 janvier 1773 au 22 juin 1776.

§ 2. Embarras de la Société Villat. — Sa détresse financière. — Elle s'adresse au roi Victor-Amédée. — Transaction du 8 juin 1776. — Elle investit la Société, non pas de la propriété des mines d'Hurtières, mais seulement du droit d'exploiter les 14 fosses provenant de l'hoirie Didier. — Équivoques et erreurs du Mémoire produit par les héritiers Grange.................................................................  87

Du 22 juin 1776 à 1792.

§ 3. Manifeste de la Chambre des comptes du 1er septembre 1777. — Il n'a pour but que d'empêcher l'exportation du minerai hors du mandement d'Hurtières. — Traité du 18 mai 1782 entre la Société Villat et le curateur du concordat Marquisio. — Il n'a trait qu'au droit de seigneuriage. — Nouveau manifeste du 4 octobre 1788. — Tendances de la Société Villat à se prétendre propriétaire de la généralité des mines d'Hurtières. — Fragilité de ses prétentions. — Le manifeste de 1788 n'a pour but que de rendre efficace celui de 1777.................................................................  94

# CHAPITRE QUATRIÈME

Étude de la question sous l'empire de la loi du 12 juillet 1791.

### 1re SECTION.

#### EXAMEN DE LA LÉGISLATION.

§ 1. Il est inutile d'examiner si la loi de 1791 a conservé aux mines leur caractère domanial. — Dispositions de cette loi relatives aux mines non découvertes et à celles déjà découvertes et exploitées. — Dispositions relatives aux mines de fer. — Injonctions de l'arrêté du 3 nivôse an 6, en cas de cession de droits sur les mines. — Les lois abolitives de la féodalité deviennent applicables en Savoie..................................... 104

#### INFLUENCE DE LA LOI DE 1791 SUR LES FAITS ACCOMPLIS.

§ 2. Elle n'a pu détruire les droits de propriété de la famille de Châteauneuf sur les mines d'Hurtières. — Application du principe de la non-rétroactivité des lois. — Elle a maintenu transitoirement les paysans dans la faculté d'exploiter les filons par eux découverts, mais ne leur a conféré aucun droit sur la généralité des mines. — La situation de la Société Villat est absolument la même que celle des paysans..................... 108

### 2me SECTION.

#### EXAMEN DES FAITS ACCOMPLIS SOUS L'EMPIRE DE LA LOI DU 12 JUILLET 1791.

*De 1792 au mois d'avril 1810.*

Vente par la Société Villat à Louis Grange de ses droits sur les quatorze fosses. — Singularité de l'acte du 2 mars 1802. — Irrégularité de cette vente; inobservation des formalités prescrites par l'arrêté du directoire du 3 nivôse an 6. — Louis Grange devient un exploitant sans concession.............................................. 113

# CHAPITRE CINQUIÈME

Étude de la question sous l'empire de la loi du 21 avril 1810.

### 1re SECTION.

#### EXAMEN DE LA LÉGISLATION.

§ 1. Caractère de la propriété minière sous l'empire de la loi de 1810. — Formalités imposées aux exploitants, qui n'avaient pas exécuté la loi de 1791, pour faire régulariser leur position. — Décret du 3 janvier et circulaire ministérielle du 17 février 1813. — Leurs prescriptions ne sont point sanctionnées par une déchéance................... 117

#### INFLUENCE DE LA LOI DE 1810 SUR LES FAITS ACCOMPLIS.

§ 2. Ce qu'auraient dû faire les paysans et la famille de Châteauneuf et ce qu'ils n'ont pas fait. — Leur inaction n'est point une cause de déchéance. — Situation de Louis Grange.................................................................. 120

2ᵐᵉ SECTION.

EXAMEN DES FAITS ACCOMPLIS SOUS L'EMPIRE DE LA LOI DU 21 AVRIL 1810.

*Du mois d'avril 1810 au mois de juin 1814.*

Projet de Société entre MM. Grange, Portier, de Châteauneuf et Balmain.—Démarches faites par M. Grange auprès du gouvernement français pour obtenir une concession ; il agit dans l'intérêt de la Société. — Requête du mois d'août ; ses affirmations erronées. — M. Grange y reconnaît les droits de la famille de Châteauneuf. — Pétition des habitants de Saint-Georges. — Avis du directeur de l'École pratique des Mines du département du Mont-Blanc et du directeur général des Mines. — Arrêté du conseil de préfecture du Mont-Blanc du 28 janvier 1812 sur une question de taxe. — Avis de l'ingénieur des Mines. — Arrêté préfectoral du 31 mars 1812. — La Savoie est séparée de la France........   121

## CHAPITRE SIXIÈME

### Nouvelle étude de la question sous l'empire des Royales Constitutions de 1770.

*Du mois de juin 1814 au 18 octobre 1822.*

Les parties sont remises au même état qu'avant 1792. — Rien d'important à signaler. .   130

## CHAPITRE SEPTIÈME

### Étude de la question sous l'empire des Royales patentes du 18 octobre 1822.

#### 1ʳᵉ SECTION.

##### EXAMEN DE LA LÉGISLATION.

§ 1. Dispositions des lettres patentes de 1822 relativement aux nouvelles exploitations.—Situation faite à celles en activité au moment de leur promulgation. — Dispositions des lettres patentes du 10 septembre 1824 relativement aux usines. — Les déchéances prononcées par ces lettres patentes sont purement comminatoires.........................   131

##### INFLUENCE DES LETTRES PATENTES DE 1822 SUR LES FAITS ACCOMPLIS.

§ 2. Elles entendent maintenir les droits acquis au moment de leur promulgation...   133

#### 2ᵐᵉ SECTION.

##### EXAMEN DES FAITS ACCOMPLIS SOUS L'EMPIRE DES ROYALES PATENTES DE 1822.

*Du 18 octobre 1822 au 30 juin 1840.*

Inaction de la famille de Châteauneuf et des paysans d'Hurtières. — Démarches du sieur Louis Grange. — Sa requête à la Chambre des comptes. — Conclusions du Procureur général. — Ses erreurs. — Conséquence de la situation faite par l'Administration au sieur Grange. — Les autres exploitants continuent leurs exploitations. — Acte du 11 février 1833 passé entre divers exploitants devant le vice-intendant de la province de Maurienne..............................................................   134

# CHAPITRE HUITIÈME

Étude de la question sous l'empire de l'édit du 30 juin 1840.

## 1re SECTION.

### EXAMEN DE LA LÉGISLATION.

Dispositions générales de l'édit. — Dispositions transitoires applicables à ceux qui exploitaient au moment de sa publication. — L'édit reconnaît trois classes d'exploitants. — Situation du sieur Grange, de la famille de Châteauneuf et des paysans.......... 140

## 2me SECTION.

### EXAMEN DES FAITS ACCOMPLIS SOUS L'EMPIRE DE L'ÉDIT DU 30 JUIN 1840.

*Du 30 juin 1840 au 4 janvier 1853.*

§ 1. Procès engagés entre les exploitants à la suite de l'édit de 1840.—Frère-Jean et Balmain demandent une concession ; opposition de Grange, qui les assigne devant la Chambre des comptes. — Conclusions du Procureur général favorables à Grange. — Échecs de Grange devant la juridiction civile à l'encontre de Leborgne et Brunier.— Ordonnance du 30 juin 1848 par laquelle le magistrat de la Chambre des comptes se déclare incompétent. — Les parties reviennent devant la Cour d'appel de Chambéry. — Arrêt du 31 juillet 1850, qui déclare que Grange n'est investi d'un droit exclusif que sur les mines de cuivre. — Cet arrêt est cassé pour cause d'incompétence. — Manifeste du 25 janvier 1851, interdisant les exploitations de ceux qui n'avaient pas de concession. — Procès-verbaux dressés contre Balmain et Frère-Jean. — Un arrêt de la Cour de Chambéry du 21 mai 1852 renvoie les parties à se pourvoir à fins civiles. — Grange assigne l'Administration devant le Conseil d'intendance pour faire reconnaître ses prétendus droits.— Conclusions de l'Administration. — Le Conseil se déclare incompétent. — Un manifeste du 27 décembre 1852 suspend toutes les exploitations, sauf celle de M. Grange........... 143

*Du 4 janvier 1853 au 5 juillet 1856.*

§ 2. Émotion produite par le manifeste du 27 décembre 1852.—Pétition à la Chambre des députés et au gouvernement. — Le comte de Châteauneuf fait reconnaître ses droits, et obtient de continuer son exploitation.— Balmain, Frère-Jean et Grange se retirent devant la Chambre des comptes. — L'Administration générale de l'intérieur est mise en cause. — Arrêt du 10 juin 1853, qui refuse de reconnaître un droit exclusif au profit du sieur Grange. — Nouvelles démarches du comte de Châteauneuf et du sieur Grange auprès de l'Administration.—Second arrêt du 29 mai 1854, qui rejette de nouveau les prétentions du sieur Grange. — Les parties se retirent devant le Conseil d'intendance. — Conclusions prises par le comte de Châteauneuf. — Il transmet ses droits au sieur Barjaud... 148

*Du 5 juillet 1856 au 20 novembre 1859.*

§ 3. Acte du 5 juillet 1856 ; le comte de Châteauneuf transmet ses droits au sieur Barjaud.— Constitution de la Société anonyme, dite Compagnie générale des mines et hauts-fourneaux de la Maurienne.—Approbation de ses statuts.—Barjaud ne payant pas son prix, est exproprié. — Jugement d'adjudication du 26 juillet 1859, au profit du comte de Vars. — Revente par M. de Vars à M. Berthod. — Traité entre M. Berthod et la Compagnie de la Maurienne....................................................... 154

# CHAPITRE NEUVIÈME

### Étude de la question sous l'empire de l'ordonnance du 20 novembre 1859.

#### 1re SECTION.

##### EXAMEN DE LA LÉGISLATION.

§ 1. Dispositions transitoires de l'ordonnance du 20 novembre 1859............... 159

##### INFLUENCE DE L'ORDONNANCE DU 20 NOVEMBRE 1859 SUR LES FAITS ACCOMPLIS.

§ 2. Cette influence est nulle. — Observation relative au droit de seigneuriage. — Nouvelle annexion de la Savoie à la France.......................................... 160

# CHAPITRE DIXIÈME

### Étude de la question depuis la nouvelle annexion de la Savoie à la France.

Effet de l'annexion. — La loi de 1810 redevient applicable. — Nécessité de maintenir les droits acquis.......... ................................................ 161

# RÉSUMÉ

Récapitulation sommaire. — Deux catégories d'exploitants. — Leurs situations respectives..................................................................... 162

#### 1.

##### LE COMTE DE CHATEAUNEUF ET SES AYANTS-DROIT.

#### 2.

##### LA FAMILLE GRANGE.

#### 3.

##### MM. BALMAIN ET FRÈRE-JEAN.

# CONCLUSION

*Quid*, s'il est possible de morceler les concessions ? — En cas de concession unique, cette concession doit être accordée aux représentants de la famille de Châteauneuf..... 169

# MÉMOIRE

SUR LA

# PROPRIÉTÉ DES MINES

DE

## SAINT-GEORGES-D'HURTIÈRES

ET AUTRES LOCALITÉS VOISINES.

———〜〜〜———

## PRÉLIMINAIRES.

### § 1.

**SITUATION PRÉSENTE.**

1. Dans les communes de Saint-Georges-d'Hurtières, de Saint-Alban et de Saint-Pierre-de-Belleville, situées dans la vallée de la Maurienne (ancienne Savoie), il existe des mines d'une incomparable richesse, qui renferment des quantités considérables de divers minerais, mais surtout et principalement du minerai de fer.

C'est ce dernier métal qui fait l'objet des exploitations actuellement existantes dans la commune de Saint-Georges-d'Hurtières et autres localités voisines.

2. Parmi les exploitants, les uns se bornent à extraire du minerai et à le vendre ; les autres sont à la fois exploitants et maîtres de forges.

Les premiers sont : MM. Hubert, Bouvier, Leborgne et Brunier.

Les seconds sont : la Compagnie anonyme des mines et hauts-fourneaux de la Maurienne, les héritiers Grange, MM. Balmain et Frère-Jean.

3. Aucun de ces exploitants n'a jusqu'à ce jour obtenu du pouvoir compétent une *concession* régulière conformément à la législation existante.

4. Le gouvernement français s'est vivement préoccupé, depuis l'annexion de la Savoie à la France, des inconvénients et des dangers d'une exploitation confuse, promiscue, qui n'est soumise à aucune règle fixe, et il voudrait mettre fin à l'état de choses actuel.

Convaincu d'ailleurs que l'exploitation des mines sus-indiquées ne pourra se faire d'une façon vraiment profitable à l'intérêt public, que si cette exploitation se trouve concentrée dans les mains d'un seul, il désire être fixé sur le mérite de la situation respective des exploitants actuels, et être renseigné sur leurs titres à l'obtention d'une concession, que tous désirent et sollicitent avec une égale ardeur.

5. Au moment où le gouvernement fera cette concession, il n'est pas douteux qu'il ne se conforme aux prescriptions de la loi du 21 avril 1810.

Or, l'une des principales prescriptions de cette loi, celle qui est formulée en l'art. 55, consiste dans l'obligation imposée, soit à l'administration, soit aux tribunaux, lorsqu'on se trouve en présence d'usages locaux ou d'anciennes lois, qui peuvent donner lieu à la décision de cas extraordinaires, de tenir compte des droits des parties, droits pouvant résulter, soit de dispositions législatives, soit d'usages établis, soit de prescriptions, soit enfin d'actes et de conventions.

6. Rechercher la nature et préciser la portée de ces droits à l'aide des monuments de la législation et des documents qui nous ont été fournis, tel est l'objet du présent Mémoire.

## § 2.

### NATURE DES PRÉTENTIONS QUI SONT MISES EN AVANT PAR LES DIVERS EXPLOITANTS ACTUELS.

7. L'examen que nous avons fait de ces divers documents nous a convaincu que les prétentions mises en avant par les exploitants, dont nous venons de parler, sont et ne peuvent être que de trois sortes :

1° Les droits possédés par les anciens propriétaires du fief d'Hurtières ;

2° Les prétentions des paysans et des communes comprises dans ce mandement ;

3° Les droits pouvant résulter d'actes émanés de l'autorité souveraine.

Les premiers sont revendiqués par la Compagnie anonyme des mines et hauts-fourneaux de la Maurienne ;

Les prétentions des paysans et des communes sont soutenues par MM. Hubert, Bouvier, Leborgne, Brunier et Balmain ;

Enfin, c'est sur la troisième nature de droits que les héritiers Grange essaient de fonder leur demande en concession.

## § 3.

8. Nous nous proposons, dans ce travail, d'examiner successivement le mérite et la valeur de chacune des prétentions que nous venons d'indiquer, au fur et à mesure que nous pourrons en préciser la naissance, sous l'empire des diverses législations qui ont tour à tour régi le s mines ct minières dans la ci-devant Savoie.

9. Les principaux éléments de cette législation sont(1) chronologiquement :

1° La Constitution du roi de Sardaigne de 1723, liv, 6, tit. 6, à laquelle il faut ajouter comme complément le manifeste de la Chambre des comptes du 18 novembre 1738 ;

2° La Constitution de 1770 ;

3° La loi française des 12-28 juillet 1791 ;

4° La loi française du 21 avril 1810 ;

5° De nouveau, les Royales Constitutions ;

6° Les lettres–patentes du roi Charles–Félix, du 18 octobre 1822 ;

7° L'édit du roi Charles–Albert du 30 juin 1840 ;

8° L'ordonnance du 20 novembre 1859 ;

9° De nouveau, la loi française du 21 avril 1810.

(1) Voir l'ouvrage de MM. Ed. Dalloz et Gouiffès sur la propriété des mines, t. II, p. 546.

# CHAPITRE PREMIER.

---

## 1ʳᵉ SECTION.

### EXAMEN DE LA LÉGISLATION.

Le droit sur les mines a été dès l'origine domanial et régalien. — Influence du droit romain. — Le Souverain n'était pas le seul propriétaire des mines. — Droits divers que le Souverain pouvait conserver ou aliéner. — Distinction du droit de propriété et du droit de seigneuriage.

10. Avant les Royales Constitutions de 1723, il n'existe, à notre connaissance, aucun document précis sur la législation des mines et minières en Savoie; nous en sommes, sur ce point, réduits à rechercher, d'après l'analyse des actes qui se rapportent à cette période de temps, quelle pouvait être la nature des droits dont ces mines et minières étaient susceptibles.

11. La propriété des mines était, à l'époque où se rapporte le plus ancien de ces actes, une propriété *domaniale* et *régalienne*, en ce sens que cette propriété était distincte de celle de la surface et qu'elle appartenait au Souverain (1).

A cela rien que de naturel.

Il ne faut pas oublier, en effet, qu'avant d'être régie par une

---

(1) Cette opinion est conforme à celle développée dans l'opuscule intitulé : *Mines de l'ancien mandement des Hurtières. — Droits et prétentions des divers exploitants.* Turin, 1857, Imprimerie Botta, p. 2.

législation spéciale, la Savoie fut régie par les principes du droit romain.

12. Or, en droit romain, si, à l'origine, les mines avaient été considérées comme une dépendance de la propriété de la surface, et, par suite, comme une dépendance du domaine privé (L. 7. § 17 D. Solut. matrim., 2 et 6; ib. De acquir. rer. dom.; Institut. Justin. § 19, De rerum div.), dans le dernier état de la législation, c'est-à-dire sous les empereurs, les mines étaient considérées comme formant une propriété distincte de la surface, comme appartenant à l'État, lequel accordait des permissions d'exploiter à ceux qui les demandaient et qui s'engageaient à payer au fisc une certaine redevance (Merlin, Quest. de Dr. v° Mines, § 1). Cette redevance, sous Justinien, était du dixième du produit de l'exploitation (L. 3 et suiv., 10 et suiv., Cod. Théod., De metallis; L. 1 et suiv. C. Just., eod.).

Ajoutons qu'indépendamment de cette redevance, lorsque la mine était située sur le fonds d'autrui, un autre dixième devait être payé au propriétaire du sol (Merlin, loc. cit.).

13. Si les mines avaient en Savoie, à l'époque dont nous nous occupons, un caractère domanial et régalien, il faut cependant reconnaître que le Souverain n'en était pas toujours le seul et exclusif propriétaire.

Il se passa dans ce pays ce qui s'était passé en France pendant une partie du régime féodal.

14. En France, dans les premiers temps de la royauté, les mines se présentent aussi avec le caractère d'une propriété domaniale et régalienne (1); c'est le roi qui accorde la permission d'exploiter, et le permissionnaire n'exploite que moyennant le paiement d'une redevance consistant dans une quotité du produit.

Mais cet attribut de la souveraineté fut, comme beaucoup d'autres, démembré et fractionné par suite de l'avénement du

---

(1) Voir, dans le recueil de Duchesne, t. I, p. 585, un passage de la vie du roi Dagobert I<sup>er</sup>. — En 786, sous Charlemagne, les mines sont formellement mises au nombre des droits régaliens.

régime féodal (1). La propriété des mines se trouva partagée entre le roi et les seigneurs; ce ne fut qu'à partir de Charles VI (2), au quinzième siècle, que la royauté revendiqua énergiquement pour elle le monopole de cette propriété et des avantages qui en étaient la conséquence.

15. En Savoie, comme en France, la propriété des mines ainsi que les avantages découlant de cette propriété ne furent pas, pendant plusieurs siècles, exclusivement concentrés entre les mains du Souverain; nous en trouverons la preuve irrécusable dans une série d'actes qui seront ultérieurement analysés.

Il est bon d'ailleurs de remarquer que de ces actes résulte la preuve, non pas d'usurpations commises par tel ou tel seigneur féodal au préjudice du Souverain, mais seulement d'aliénations consenties par le Souverain au profit de tel ou tel seigneur.

De ces actes, et en nous plaçant au point de vue que nous venons d'indiquer, il résulte ceci : c'est que, propriétaire des mines en principe, cela est incontestable, le Souverain pouvait faire trois choses :

Il pouvait conserver par devers lui le domaine *direct* sur la mine, et en conférer le domaine *utile* à des particuliers, auxquels il octroyait la permission d'exploiter moyennant le paiement d'une redevance, appelée *droit de seigneuriage;*

Il pouvait transmettre à d'autres, en général aux seigneurs féodaux, le domaine direct, c'est-à-dire le droit de propriété, en retenant par-devers lui le droit de seigneuriage. Dans ce cas, c'était le seigneur qui avait le droit d'octroyer la permission d'exploiter aux conditions qu'il jugeait convenable, et sous la réserve de la redevance due au souverain;

Il pouvait enfin leur transmettre tout à la fois et le droit de propriété et le droit de seigneuriage.

16. L'existence de ces diverses facultés, dont le Souverain pouvait faire usage à l'époque dont nous nous occupons, ré-

(1) Dalloz, Rep., v°. Mines, n° 6.
(2) Édit du 30 mai 1413.

sulte pour nous, jusqu'à la dernière évidence, des faits et des documents.

## 2ᵐᵉ SECTION.

### EXAMEN DES ACTES ET DES FAITS ANTÉRIEURS AUX ROYALES CONSTITUTIONS DE 1723 (1).

### § 1.

#### Du 1ᵉʳ juin 1289 au 24 septembre 1344.

Permission d'exploiter les mines accordée par le comte Amédée de Savoie à Ugolin Bérix. — Transaction entre le même comte et le seigneur Nantelme d'Hurtières relativement au fief de ce nom.

17. Le plus ancien des actes que nous rencontrons, dans cet examen rétrospectif, consiste en des lettres patentes du comte Amé ou Amédée de Savoie (2) du 1ᵉʳ juin 1289 (3), par lesquelles celui-ci octroyait à un sieur Ugolin Berich ou Bérix (*Ugolino Berichi*) le droit de rechercher et d'exploiter, dans toute l'étendue de ses États, toutes les mines d'or, d'argent, de plomb, de fer, de cuivre et de tout autre métal.

Cette concession était faite pour trente années, moyennant le paiement d'une redevance fixée au tiers sur l'or et au dixième sur les autres métaux.

18. De ces lettres patentes, nous rapprocherons immédiatement un acte, qualifié de transaction, et intervenu l'année sui-

---

(1) Tous les actes, qui vont être analysés, sont imprimés et reproduits *in extenso* dans une brochure ayant pour titre : *Sommaire du procès entre le procureur général du roi demandeur, et Jean-François Blard, curateur établi à la discussion de l'hoirie de feu noble et révérend François Maurice de Castaynère-Châteauneuf,* ladite brochure réimprimée textuellement à Chambéry, à l'imprimerie du gouvernement, sur l'édition originale de l'imprimerie royale de Turin en 17:2.

L'authenticité de ces documents étant incontestable, nous nous y référerons, désignant par le mot : *Sommaire,* la brochure de laquelle ils sont extraits.

(2) Amédée V, dit Amédée le Grand.

(3) Sommaire, nᵒˢ 266 et 267.

vante, le 20 février 1296, entre le même comte Amé de Savoie, et Nantelme, seigneur d'Hurtières (1).

Il résulte de cet acte que le comte Amé de Savoie reconnut définitivement à ce seigneur le droit de haute et basse justice dans les trois paroisses de la vallée d'Hurtières, savoir : la paroisse de Saint-Georges, celle de Saint-Alban et celle de Saint-Pierre-de-Belleville, et qu'il lui concéda à titre de fief le territoire dans lequel ces paroisses étaient comprises.

Cet acte fut suivi et confirmé par un acte du 12 septembre 1334 (2), portant investiture dudit fief par le comte Aymon de Savoie au profit du seigneur Pierre d'Hurtières, et par un second acte du 26 juin 1343 (3), portant constatation de la prestation de l'hommage par ledit seigneur Pierre au comte Amédée (4).

19. La concession de 1289 faite à Ugolin Bérix prit-elle fin à l'expiration du terme pour lequel elle avait été faite? Fut-elle renouvelée? Les documents soumis à notre examen ne nous ont pas permis d'éclaircir ce point, qui n'a d'ailleurs qu'un intérêt historique.

### § 2.

**Du 24 septembre 1344 au 13 décembre 1353.**

Transaction entre le comte Amédée de Savoie et le seigneur Pierre d'Hurtières relativement au droit de seigneuriage.

20. Le 24 septembre 1344 est la date d'un acte important.

Si, dans les divers actes qui viennent d'être analysés, il n'y a pas de dispositions formelles à l'égard de la propriété des mines comprises dans le territoire inféodé, ni relativement au droit de seigneuriage, il n'en est pas moins vrai que, dès cette

(1) Sommaire, nos 269 à 276.
(2) Ib., nos 277 à 279.
(3) Ib., nos 280 et 281.
(4) Amédée VI, dit *le Vert*.

époque, les seigneurs d'Hurtières se sont considérés comme en possession de ce double droit et que leur prétention, à ce sujet, a été reconnue fondée par l'autorité compétente.

Bientôt, en effet, les seigneurs d'Hurtières eurent l'occasion de revendiquer ces droits, dont le duc de Savoie prétendait avoir la jouissance exclusive (Voir au sommaire des exemples de comptes de droits de seigneuriage payés au seigneur, n°s 1095 à 1123); cette contestation devint l'objet d'une transaction signée, le 24 septembre 1344, entre le seigneur Pierre d'Hurtières et le comte Amédée de Savoie (1).

21. Il est exposé dans le préambule de cet acte (2) que le seigneur Pierre se plaignait de ce que le comte Amédée percevait indûment les droits de seigneuriage (*jura fisci*) sur les mines comprises dans son fief, tandis que le comte Amédée soutenait que c'était à juste titre que ces droits avaient été perçus, soit par lui-même, soit par ses prédécesseurs.

22. Pour faire cesser ce différend, il fut convenu : 1° que ce droit de seigneuriage, c'est-à-dire les redevances sur les mines, serait partagé par moitié entre les seigneurs d'Hurtières et le comte Amédée; 2° que le podestat des mines, qui serait établi à l'avenir pour la direction des maîtres mineurs de ces mines et des ouvriers, bien que choisi par le comte, serait réputé, dans le mandement des Hurtières, nommé et choisi par le seigneur, et serait responsable envers celui-ci des résultats de sa gestion; 3° que les priviléges concédés aux maîtres mineurs et aux ouvriers par le comte ou par ses prédécesseurs seraient respectés; mais que, sous la réserve de ces priviléges, la juridiction sur lesdites mines appartiendrait au seigneur d'Hurtières.

23. Cette transaction, qui a d'ailleurs été revêtue du sceau dont il était d'usage de se servir dans les affaires du comté de

(1) Sommaire, n°s 282 à 284.

(2) Voir aux pièces justificatives I, une traduction de cette transaction faite par le sieur Meldola, interprète assermenté.

Savoie (1), a été observée par les comtes de Savoie. Nous voyons en effet, le 29 août 1345, le comte Amédée de Savoie adresser une lettre au châtelain d'Aiguebelle (2), pour lui ordonner de prélever sur ce qu'il a perçu pour les mines d'Hurtières la part du seigneur de ce mandement telle qu'elle avait été fixée par la transaction du 24 septembre précédent ; nous voyons le même comte, le 23 juillet 1346, adresser une seconde lettre au même châtelain (3), pour lui enjoindre de délivrer au même seigneur la moitié de la redevance des mines de cuivre du mont Burnou, comprises sur le territoire d'Hurtières ; nous le voyons encore, le 13 août suivant, commettre les sieurs Pierre de Montegelat et Guillaume Bon (4), à l'effet d'examiner une réclamation du seigneur d'Hurtières, qui se plaignait de ce que le châtelain d'Aiguebelle refusait à tort de lui délivrer dix-neuf quintaux, sept livres un quart de cuivre et trois onces et cinq parts d'un demi-quart d'une once d'argent, et à l'effet de lui faire délivrer ces quantités de minerai, dans le cas où cette réclamation leur paraîtrait fondée.

24. Ainsi, la conclusion à tirer déjà, c'est que, dès l'année 1344, les seigneurs investis du fief d'Hurtières agissaient comme propriétaires des mines comprises dans leur mandement, et revendiquaient avec énergie tout en partie de leur droit de propriété quand on cherchait à y porter atteinte.

25. Voyons maintenant la portée de la transaction de 1344, au point de vue des paysans ou habitants du mandement d'Hurtières.

26. A ce sujet, voici ce que nous lisons à la page 6 d'un opuscule rédigé par M. Léon Brunier avocat, imprimé à Turin

(1) Sommaire, n° 284.
(2) Ib., n°s 285 et 286. Voir en outre des modèles de comptes, n°s 1124 1128.
(3) Ib., n° 287 à 290.
(4) Ib., n°s 291 à 293.

en 1853, et ayant pour titre : *Notes relatives à la suspension des exploitations des mines de fer de Saint-Georges d'Hurtières, en Maurienne* :

« Les habitants de Saint-Georges sont en possession d'ex-
« ploiter les filons existant sur cette commune depuis les
« temps les plus reculés.....

« *Il leur serait difficile de produire les titres qui ont pu*
« *autoriser ces antiques exploitations.* Seulement, à toutes les
« époques, ils ont repoussé les prétentions de ceux qui tentaient
« de les troubler dans cette possession.

« Tout démontre que cette possession antique est antérieure
« aux lois qui ont rendu les mines domaniales (la première est
« du 22 avril 1445) et même à la monarchie sarde, qui les a
« promulguées.

« Le premier titre authentique que les paysans de Saint-
« Georges citent à l'appui de leur possession, est une transaction
« du 24 septembre 1344, *qui divisa la propriété des mines en deux*
« *parts* (1), dont l'une fut attribuée au comte Amé de Savoie,
« et l'autre au seigneur des Hurtières ; le comte Amé fit
« réserve expresse, en outre, que *les droits et priviléges concédés*
« *par le Souverain et ses prédécesseurs aux possesseurs et cultiva-*
« *teurs desdites mines seraient maintenus intacts et conservés*
« *dans leur entier.* Les habitants de Saint-Georges invoquent le
« bénéfice de cette clause, qui aurait reconnu leurs droits an-
« térieurs et les aurait maintenus pour l'avenir. »

27. Après avoir, dans une autre partie de son travail ( p. 47 et suiv.), reproduit une citation de l'ouvrage de M. de Saussure ayant pour titre : *Voyage dans les Alpes*, citation destinée à faire connaître la situation dans laquelle se trouvait l'exploitation des mines, au moment où ce voyage s'accomplissait, M. Léon Brunier a reproduit également une citation empruntée au travail de M. Hassenfratz, inspecteur des mines sous le pre-

---

(1) L'auteur confond ici deux choses parfaitement distinctes : la propriété de la mine ou le droit de l'exploiter, et le droit de seigneuriage.

mier empire, ledit travail publié dans le *Journal des mines* (vol. 1, p. 55, n° du 3 nivôse an 3) :

« La mine de *cuivre* de Saint-Georges, dit M. Hassenfratz, « est exploitée par une Compagnie. La mine de *fer* placée au- « dessous est exploitée par les habitants de la commune voi- « sine, qui la regardent comme leur propriété et y travaillent « pendant l'hiver, lorsqu'ils ne sont point occupés aux travaux « de la campagne ; chaque famille a sa galerie et la transmet « en héritage à ses enfants. »

M. Léon Brunier rappelle que M. Lelivec, (n° 98 du *Journal des Mines*) déclare aussi que les habitants de Saint-Georges sont en possession d'exploiter ces mines de fer.

28. A l'exemple de M. de Saussure, les auteurs cités par M. Léon Brunier, MM. Hassenfratz et Lelivec, se sont bornés à affirmer un *fait* : plus hardi qu'eux, M. Léon Brunier a cru pouvoir affirmer un *droit* !

Suivant lui, ce droit, c'est-à-dire celui d'exploiter les mines comprises dans l'ancien mandement des Hurtières, aurait appartenu d'une façon générale à tous les habitants de ce mandement, *ut universi*, et non pas *ut singuli*, et cela en vertu des réserves insérées dans la transaction du 24 septembre 1344.

29. L'affirmation de M. Léon Brunier nous paraît singulière- ment aventurée.

30. Remarquons d'abord que, pour que ceux d'entre les exploitants actuels, qui prétendent représenter les paysans, pussent se prévaloir des droits que la transaction de 1344 aurait garantis à ces paysans, il faudrait au moins qu'ils prouvassent que ceux de qui ils tiennent leurs droits, avaient commencé leur exploitation avant 1344 ; or, cette preuve paraît impos- sible.

31. A supposer ensuite que ces réserves pussent bénéficier à ceux mêmes dont l'exploitation n'aurait commencé que

postérieurement à 1344, comme à ceux dont l'exploitation aurait commencé antérieurement, il faudrait prouver que ces fameuses réserves avaient été faites en faveur de la généralité des habitants du mandement des Hurtières, et qu'elles avaient pour objet de leur conserver et de leur garantir le droit d'exploiter la généralité des mines situées dans ce mandement : or, cette preuve n'est pas davantage possible.

32. Voici, en effet, le texte de ces réserves (1) :

« Item quod omnia, et singula *privilegia* concessa per nostros prædecessores, et nos, minatoribus tam magistris, quam aliis vacantibus circa minas easdem, observentur, et firma maneant sine impedimento vel novatione quibuscunque. In omnibus autem aliis casibus, de quibus in ipsis privilegiis mentio, seu alia previsio non habetur, quorum alias ad ipsum dominum Urteriarum, ratione juridictionis spectantis, ad ipsum cognitio pertinet, jurisdictio et executio pertineat ad ipsum dominum Urteriarum, prædictis *privilegiis* in omnibus capitulis salvis, et specialiter nobis, magistris prædictis, et minatoribus reservatis. »

« De plus, que tous et chacun des *priviléges* concédés par nos prédécesseurs et nous aux mineurs, tant aux maîtres qu'aux autres employés à ces mêmes mines, seront observés et demeureront fermes, sans empêchement ou innovation quelconques. Mais que dans tous les autres cas, desquels mention ou autre prévision n'a pas été faite dans ces mêmes *priviléges*, et dont la connaissance, appartenant jadis au même seigneur d'Hurtières à raison de sa juridiction respective, appartient au même seigneur, la juridiction et l'exécution appartiendront au même seigneur d'Hurtières, sauf les susdits *priviléges* dans tous leurs articles et spécialement ceux réservés à nous, aux susdits maîtres et mineurs (2). »

33. Voilà le texte original et la traduction. Il est évident que les priviléges, dont il est question dans cet acte, et qui sont réservés, soit au profit du comte de Savoie, soit au profit des maîtres et des ouvriers mineurs qui exploitaient alors les mines d'Hurtières, ne sont que des priviléges de juridiction. Suivant M. Léon Brunier, ces priviléges auraient consisté dans le

(1) Sommaire, p. 78.
(2) Traduction de M. Meldola, interprète assermenté. Voir pièce justificative I.

droit, pour tous les habitants du mandement des Hurtières présents et à venir, d'exploiter les mines situées dans ce mandement. Cette interprétation n'est pas admissible.

M. Léon Brunier ne peut pas faire plus que n'ont fait MM. Hassenfratz et Lelivec : il peut affirmer un fait, mais il ne peut se fonder sur les termes de la transaction de 1344, pour affirmer un droit; il peut encore moins se fonder sur cet acte pour déterminer l'étendue, préciser les limites, et déduire les conséquences de ce droit.

34. L'auteur d'un écrit ayant pour titre : *Mines de l'ancien mandement des Hurtières. — Droits et prétentions des divers exploitants*, après avoir reproduit, à la page 201, le texte entier de la transaction de 1344, l'a invoquée également comme constituant au profit des anciens exploitants un titre irréfragable (voir à la page 158).

35. Ses principaux arguments sont au nombre de cinq :

1° Le comte de Savoie aurait stipulé non-seulement pour lui, mais encore pour les mineurs de l'époque *(gentes nostras)* ;

2° Ce comte, ainsi que ses prédécesseurs, était en possession de percevoir les droits de seigneuriage sur les exploitations antérieures;

3° Ces exploitations avaient été autorisées ou sanctionnées par des concessions souveraines, octroyées par le comte Amédée ou par ses prédécesseurs ;

4° Ces concessions, à teneur du traité, devaient être continuées, maintenues dans leur exercice, sans empiétement, sans novation ou changement quelconques ;

5° Les priviléges attachés aux concessions précédentes étaient maintenus et réservés dans toute leur étendue.

36. L'auteur ajoute que, par cette transaction, le droit de propriété, comme celui de seigneuriage, avait été partagé par moitié entre le comte de Savoie et le seigneur d'Hurtières.

37. Nous répondrons au premier de ces arguments que jamais le mot *gentes* n'a voulu ni pu vouloir dire *mineurs ;* que

ce mot n'a et ne peut avoir d'autres sens que celui de *peuple, nation*, ou bien encore *gens*. Dans la transaction de 1344, le comte Amédée a stipulé pour lui et ses gens, si l'on veut, pour lui et les populations dont il était le seigneur, si on le préfère, mais jamais, au grand jamais, il n'a stipulé pour lui et les mineurs d'Hurtières.

L'affirmation qui sert de base au second argument est exacte ; mais de ce que les comtes de Savoie étaient alors en possession du droit de percevoir des droits de seigneuriage, et, si l'on veut, du droit d'accorder des permissions d'exploiter, il n'en résulte aucunement que ces comtes eussent accordé à la généralité des habitants des Hurtières la permission d'exploiter la généralité des mines comprises dans ce fief. Cette observation réduit à sa juste valeur le troisième argument.

Relativement aux quatrième et cinquième arguments, nous dirons qu'il n'est pas permis de traduire le mot *privilegia* par le mot *concessions*. *Privilegium* veut dire *privilége ;* or, nous venons de nous expliquer sur la nature de ces priviléges.

38. En ce qui concerne la question de savoir si la transaction de 1344 avait investi le seigneur d'Hurtières de la propriété des mines, en même temps qu'elle l'avait investi d'un droit de seigneuriage, nous croyons que l'auteur de l'écrit en question a, sur ce point encore, proposé une interprétation inacceptable.

« Nos Amedeus comes Sabaudiæ, *est-il dit au début de cette transaction*, notum facimus universis, quod cum inter nos gentesque nostras ex una parte, fidelemque nostrum dilectum *dominum* Petrum, *dominum* Urteriarum ex altera, quæstio super eo verteretur, quod dictus *dominus* Petrus nos in minis quorumcumque metallorum, quæ penes suam jurisdictionem, et territorium invenientur, *jura fisci et domini* percipere in juris suis præjudicium pertinere propo-

« Nous, Amédée, comte de Savoie, savoir faisons à tous comme quoi entre nous et nos gens, d'une part, et notre féal et amé le seigneur Pierre, seigneur d'Hurtières, de l'autre part, une question aurait été agitée, sur ce que ledit seigneur Pierre exposait que, dans les mines de quelques métaux, qui ont été découvertes sur sa juridiction et sur son territoire, nous percevons des droits de fisc au préjudice de son droit de seigneur, et prétendons

nebat, nobis asserentibus ad nos ipsa jura integre pertinere, nosque quasi possessionem habere *perceptionis* eorumdem. »

que ces mêmes droits nous appartiennent en totalité comme étant en possession de les percevoir. »

Suivant le traducteur que nous combattons, ces mots : *jura fisci et domini*, indiqueraient le droit régalien et le droit domanial, le droit de seigneuriage et le droit de propriété, qui tous deux auraient été disputés entre le comte de Savoie et le comte d'Hurtières.

Cela n'est pas exact : le mot *domini*, placé après le mot *fisci*, signifie ce que, quelques lignes plus haut, signifiait le mot *dominum* placé avant les mots *Petrum* ou *Urteriarum* : il signifie seigneur. *Jus fisci et domini*, c'est le droit du fisc et du seigneur, c'est-à-dire un seul et même droit, le droit de seigneuriage. Ce qui prouve jusqu'à la dernière évidence que les mots *jus domini* désignent dans ce passage le même droit que *jus fisci*, c'est que le comte Amédée de Savoie, dans le préambule où sont exposées les prétentions respectives des parties contractantes, déclare *quasi possessionem habere perceptionis eorumdem*. Or, le seul droit susceptible de perception, c'est le droit de seigneuriage ; on ne perçoit pas un droit de propriété.

39. En résumé, l'acte de 1344 renferme implicitement la reconnaissance, au profit des seigneurs d'Hurtières, du droit de propriété des mines situées dans leur fief ; quant aux paysans ou habitants du mandement, cet acte leur a réservé les priviléges dont ils avaient joui jusque-là, c'est-à-dire certaines permissions d'extraire du minerai.

40. Donc, vis-à-vis de ceux qui prétendent aujourd'hui représenter ces paysans, il n'y a pas lieu de tenir compte de la transaction du 24 septembre 1344, et cela pour deux raisons : la première, c'est que les termes de cette transaction n'ont pas certainement le sens qu'on voudrait leur attribuer, et la seconde, c'est que la situation créée par cette transaction s'est trouvée bouleversée et détruite un siècle plus tard, par un acte du 17 mars 1497, dont nous aborderons bientôt l'examen.

41. La transaction du 24 septembre 1344 reste et doit rester pour ce qu'elle est : reconnaissance implicite des droits des seigneurs d'Hurtières, dont nous verrons plus tard la confirmation, et réserve, au profit des paysans ou habitants du mandement, de certaines facultés qui leur avaient été octroyées précédemment.

## § 3.

**Du 13 décembre 1353 au 10 mai 1440.**

Maintien de la situation créée par la transaction du 24 septembre 1344.

42. La situation créée par la transaction du 24 septembre 1344 n'a été modifiée, ni durant la fin du quatorzième siècle, ni durant la première moitié du quinzième ; c'est du moins ce qui résulte des actes qu'il nous a été possible de consulter (1).

43. Le seigneur Antelme d'Hurtières, frère et héritier du seigneur Pierre, avec lequel était intervenue la transaction de 1344, recueillit le fief en 1353 (2) dans l'état où son prédécesseur l'avait laissé. Si, par des lettres patentes du 31 décembre 1366 (3) ledit seigneur Antelme reçut, comme récompense des services par lui rendus au comte Amédée de Savoie, une augmentation à ses fiefs, il n'appert point de ces lettres qu'il ait été apporté aucune innovation à la manière dont le droit relatif aux mines avait été précédemment réglé.

(1) Voir l'analyse des comptes des droits de seigneuriage perçus durant cette période, au Sommaire, nos 1151 à 1335.
(2) Voir l'acte d'investiture du 13 décembre 1353, Sommaire, n° 294.
(3) Ib., nos 295 et 296.

44. Les dernières années du quatorzième siècle et les pre-mières années du quinzième sont remplies par de longs débats engagés entre l'évêque de Maurienne et ledit seigneur d'Hurtières, l'évêque prétendant qu'il avait le droit de confisquer la vallée d'Hurtières, parce que Jean de Miolans, alors seigneur de ce mandement, et les quatre seigneurs qui l'avaient précédé, ne lui avaient pas prêté foi et hommage (1).

Les détails de ce procès, qui se termina par une sentence arbitrale du 24 décembre 1401 (2), rendue en faveur de l'évêque, étant complétement étrangers à la question des mines, nous l'indiquons simplement pour mémoire.

· 45. Quels que soient d'ailleurs les droits que l'évêque de Maurienne ait pu revendiquer sur la vallée de ce nom, il ne paraît pas que ces droits aient jamais eu pour effet d'anéantir ceux que les comtes de Savoie avaient sur le fief des Hurtières. Car, en poursuivant l'examen des actes, nous rencontrons, le 18 août 1419, l'acte d'investiture dudit fief accordé par le duc (3) Amé ou Amédée de Savoie (4) à Antoinette de Miolans, épouse de Jacques de la Ravoire, et héritière des seigneurs d'Hurtières (5), et le 18 janvier 1421, l'acte de reconnaissance intervenu en conséquence du précédent acte d'investiture (6).

46. La période de temps que nous examinons, période durant laquelle aucune modification, ainsi que nous l'avons dit, n'a été apportée à la situation créée par la transaction de 1344, se termine par un acte de partage du 10 mai 1440 (7), intervenu entre Amé et Humbert, fils de Jacques de la Ravoire et d'Antoinette de Miolans.

Par cet acte, la seigneurie d'Hurtières fut attribuée à l'aîné des deux frères.

(1) Ces débats sont analysés dans le Sommaire, nos 297 à 464.
(2) Ib., no 454.
(3) Depuis 1416, le comté de Savoie avait été érigé en duché.
(4) Amédée VIII.
(5) Sommaire, nos 465 à 467.
(6) Ib., nos 468 à 476.
(7) Ib., nos 480 à 482.

## § 4.

### Du 10 mai 1440 au 4 décembre 1497.

Cession d'une partie du fief d'Hurtières par le seigneur Anthelme de Miolans au comte Louis de la Chambre. — Prétentions de celui-ci à la propriété des mines. — Procès devant la Chambre des comptes. — Saisie des mines et suspension des exploitations. — Concessions faites à divers par le comte de la Chambre. — Des lettres patentes confirment la propriété des mines aux seigneurs des Hurtières.

47. Le fief d'Hurtières ne demeura pas entre les mains de la famille de Miolans.

Le 23 février 1479, Anthelme, alors seigneur de Miolans, céda ce fief à titre d'échange à Louis, comte de la Chambre (1).

Cet acte d'échange ne contient rien de précis relativement aux mines.

Cette cession fut d'ailleurs approuvée par des lettres patentes du 1er août 1479, émanées du duc Charles (2) de Savoie.

48. Comme les précédents seigneurs des Hurtières, le nouvel acquéreur du fief, le seigneur de la Chambre, eut bientôt à soutenir de nouvelles luttes relativement à la propriété des mines qui existaient dans l'étendue de son fief. Effectivement, le 22 août 1480 (3), le duc Charles de Savoie publia des lettres par lesquelles il crut devoir protester publiquement contre les prétentions du seigneur de la Chambre à la propriété desdits mines.

S'il faut s'en rapporter à la teneur de ces lettres, le seigneur de la Chambre aurait prétendu être porteur de lettres précédemment émanées du duc, lettres ayant le caractère d'une transaction, et qui auraient eu pour objet de reconnaître et de confirmer à son profit la propriété des mines.

(1) Sommaire, nos 483 à 483.
(2) Le duc Charles Ier.
(3) Sommaire nos 491 à 504.

Aussi le duc de Savoie termine-t-il par la déclaration suivante les lettres du 22 août 1489, que nous venons de rappeler.

« Ecce quod nos præsentibus declaramus ipsas litteras (celles invoquées par le comte de la Chambre) minime processisse de mente et scitu nostris, illas ob hoc nostra certa scientia, motuque proprio, ac de nostræ potestatis revocamus, annulamus, cassamus, irritamus, nulliusque valoris, et momenti decernimus esse per præsentes. »

« C'est pourquoi nous déclarons à ceux présents que ces lettres ont été délivrées contrairement à notre volonté et à notre insu, en conséquence de quoi, en pleine connaissance, de notre propre mouvement, et en vertu du pouvoir qui nous appartient, nous les révoquons, annulons, brisons, déclarons nulles et de nul effet par les présentes. »

49. Le seigneur Louis de la Chambre ne se tint pas pour battu : il protesta, s'adressa à la duchesse Blanche de Savoie, et lui demanda de soumettre ses prétentions à la Chambre des comptes (1).

En attendant que le procès fût vidé, les mines furent saisies, et les exploitations suspendues : nous en trouvons la preuve dans une requête du 13 mai 1494 (2), présentée au duc Philippe, lieutenant général (3) de la Savoie, par les sieurs Simon de Giminiaco et consorts, requête dans laquelle ceux-ci, après avoir exposé que « *in mandamento Urteriarum jampridem fue-*
« *runt compertæ multæ mineriæ argenti, ferri, cupri, et alio-*
« *rum metallorum,* et qu'à l'occasion desdites minières ayant
« été mû un procès encore indécis entre le procureur fiscal
« d'une part, et le seigneur comte de la Chambre, sous
« le prétexte de ce procès l'exploitation avait cessé...; qu'il
« n'était pas juste que lesdites minières restassent sans être
« exploitées, et demeurassent saisies à cause desdites contes-
« tations, d'autant qu'ils étaient prêts à payer les droits à qui
« serait ordonné, » ils demandaient qu'il leur fût permis de

(1) Sommaire, n⁰ˢ 505 à 511.
(2) Ib., n⁰ˢ 512 et 513.
(3) Le duc Philippe II.

continuer l'exploitation de ces mines, et qu'il fût défendu au comte de la Chambre de les troubler dans cette exploitation.

50. Voilà la situation bien dessinée.

D'une part, des *propriétaires* rivaux, c'est-à-dire le seigneur de la Chambre qui soutient avoir la propriété de toutes les mines comprises dans le mandement des Hurtières, et le duc de Savoie qui élève la prétention radicalement opposée ; et d'autre part, des *possesseurs*, c'est-à-dire des exploitants, dont la possession a été momentanément interrompue.

51. A la suite de leur requête, les consorts Simon furent ajournés à comparaître devant le grand Conseil (1) ; le procureur fiscal et le comte de la Chambre intervinrent, chacun de son côté (2).

52. Celui-ci repoussa énergiquement les prétentions des consorts Simon ; et, pour les faire tomber, il offrit de prouver :

« Quod (3) ipse est Dominus loci, et totius mandamenti Urteriarum, in quo loco, et mandamento sunt, et consistunt fossæ, et minæ, pro quibus dictus Sismondus supplicavit ;

« Item quod ipse tanquam Dominus dicti loci, et mandamenti Urteriarum, ejusque in dicto loco, et dominio Urteriarum antecessores est, et fuerunt in possessione, seu quasi, quarumcumque fossarum, et minarum in dicto loco, dominio ac mandamento Urteriarum consistentium, et existentium, tanquam suarum, et ad eumdem pertinentium, jus-

« Qu'il est le seigneur du lieu, e de tout le mandement des Hurtières, dans lesquels lieux et mandement sont, et se trouvent les fosses et les mines, à l'occasion desquelles ledit Simon a présenté sa supplique ;

« De plus que lui, comme seigneur desdits lieu et mandement des Hurtières, et ses prédécesseurs dans lesdits lieu et mandement, a et ont eu la possession ou quasi-possession de toutes les mines et fosses situées dans lesdits lieu et mandement ; qu'ils les ont possédées comme leurs, et leur appartenant, en vertu de justes titres et causes, et cela non pas seulement pendant dix années consécutives, mais

(1) Sommaire, nº 513.
(2) Ib., nº 515.
(3) Ib., nºs 518 à 522.

tis titulis, atque causis, et nedum per spatium decem annorum continuorum, sed et viginti, triginta, quadraginta, quinquaginta, sexaginta, septuaginta, octoginta, et centum, per tantumque tempus, quod non fuit, aut est memoria de contrario, non vi, non clam, non precario, sed palam, et publice omnibus videntibus, et scientibus, scireque, et videre valentibus, et nullis contradicentibus, dempta hujusmodi contradictione, quæ a paucis diebus citra fuit illata;

« Item quod fuit absque eo, et præter id, quod alicui licuerit, aut liceat, dictis fossis, seu mœniis consistentibus, et situatis in dicto loco, dominio, ac mandamento suo Urteriarum uti, in eisdem laborare, mœnamque aliquam extrahere, seu extrahi facere absque consensu, jussu, ac voluntate præfati Domini Cameræ, et dicti loci Urteriarum, ac suorum antecessorum, qui fuerunt domini ipsius loci Urteriarum;

« Item quod præmissa omnia, et singula ea sunt vera, notoria,

pendant vingt, trente, quarante, cinquante, soixante, soixante-dix, quatrevingts et cent années, enfin depuis un temps immémorial; que cette possession n'a été ni violente, ni secrète, ni précaire, mais qu'au contraire elle a été patente, publique, au vu et su de tous ceux qui pouvaient voir et savoir, sans aucune opposition ni contradiction, avant celles qui s'étaient produites quelques jours auparavant;

« De plus, que personne ne peut et n'a jamais pu toucher auxdites fosses et mines, situées dans lesdits lieu, domaine et mandement des Hurtières, qui lui appartiennent, que personne ne peut et n'a jamais pu y travailler, en extraire ou en faire extraire du minerai sans le consentement, l'ordre et la volonté du susdit comte de la Chambre, seigneur dudit lieu des Hurtières, et de ses prédécesseurs, qui ont été seigneurs dudit lieu;

« De plus, que tous et chacun des faits sus-articulés sont véridiques, notoires, patents, qu'ils sont de commune renommée et notoriété publique;

« Lesquels faits il demande à être admis à prouver par tout genre de preuves. »

et manifesta, de eisque, et eorum singulis publica vox est, et fama;

« Quæ præmissa petit probandum admitti per omne genus probationis. »

53. La prétention est nette et précise. Suivant le comte de la Chambre, les consorts Simon n'avaient aucun droit d'exploiter ces mines : lui seul avait ce droit; car, c'est lui qui en est propriétaire, soit en vertu de justes titres, soit en vertu d'une possession immémoriale. Nul n'a jamais pu, sans sa permission, ou celle de ses prédécesseurs, exploiter légalement les mines comprises dans le mandement des Hurtières; car

cette exploitation eût porté atteinte aux droits dont il était investi.

Les parties furent *appointées*, c'est-à-dire mises en demeure de fournir ou de combattre les preuves que le comte de la Chambre s'obligeait à produire (1).

54. Cependant, le procès suivait son cours, et l'exploitation des consorts Simon était toujours suspendue.

Le comte de la Chambre était un seigneur trop puissant, pour que les injonctions et les menaces du duc de Savoie pussent l'amener à lever les obstacles, qu'il continuait d'apporter à cette exploitation.

Dans cette situation, le sieur Simon jugea prudent de se rapprocher du comte, et, le 6 juin 1494, il intervint entre eux un acte (2), par lequel celui-ci, « *tanquam dominus loci Urte-* « *riarum, et pertinentiarum ejusdem, necnon quarumcumque mœ-* « *narum, cujuscumque speciei sint, situatarum, et existentium in* « *toto mandamento, et districtu ejusdem loci Urteriarum sibi* « *Domino Comiti pleno jure pertinentium et spectantium,* » accorda audit sieur Simon la permission de continuer l'exploitation du filon qu'il avait commencé d'exploiter, à la condition que, pour la première année, ledit Simon lui livrerait avant la fête de la Nativité 140 *quintaux* de fer du poids d'Argentine, au prix de deux florins d'or par *quintal,* et que, pour les années suivantes, il lui livrerait aux mêmes conditions tout le fer qu'il extrairait.

55. Le 28 janvier 1495, un acte analogue (3) intervenait entre le même comte de la Chambre, stipulant en la même qualité, et un sieur Louis de Senthenay, du bourg d'Aiguebelle ; le comte lui concéda, comme au sieur Simon, le droit d'exploiter les filons, dont il avait commencé l'exploitation, et cela sous certaines conditions, notamment sous l'obligation de lui livrer moyennant un prix convenu tout le fer qu'il ex-

---

(1) Sommaire, n° 524.
(2) Ib., n^os 525 et 526.
(3) Ib., n^os 527 à 532.

trairait, et encore sous l'interdiction de livrer du minerai à aucune autre personne sans sa permission.

56. Mais, revenons au procès, que nous avons laissé pendant devant le grand Conseil de Chambéry. Ce procès se termina, non par une sentence, mais par des lettres patentes du 17 mars 1497 (1), confirmatives des lettres patentes du 1ᵉʳ août 1479, par lesquelles le duc Philippe de Savoie approuva l'acte du 23 février précédent, celui aux termes duquel le seigneur Anthelme de Miolans avait, comme on l'a vu, cédé son fief d'Hurtières au comte Louis de la Chambre.

57. Relativement à la propriété des mines, ces lettres patentes s'expriment de la façon suivante :

« Visis venditione, et remissione per Amedeum filium quondam Amedei de Urteriis magnifico fideli consanguineo, et Chambellano nostro Ludovico domino, et Comiti Cameræ, vice Comiti Maurianæ, de omnibus juribus, proventibus, *mœnis, mineriis, mineralibus*, jurisdictione, et mandamento Urteriarum, quæcumque sint, et existant, constante instrumento publico manu Joannis Paradisi de Fonte coperta Maurianensis diocesis Notarii publice recepto, subscripto, et signato sub anno Domini 1479, die undecima mensis martii. »

« Vu la vente, cession, et mise en possession faites par Amédée, fils de feu le magnifique et fidèle Amédée d'Hurtières, à notre parent et chambellan le seigneur Louis, comte de la Chambre et vicomte de Maurienne, de tous les droits, revenus, *mines, minéraux*, impositions, juridiction et commandements des Hurtières, quels qu'ils soient, ainsi qu'il ressort d'un acte public fait, écrit et signé, entre les mains de Jean Paradis, notaire public du diocèse de Maurienne, l'an du Christ 1479, le onze mars. »

Comme on le voit, ces lettres patentes rappellent avec soin tous les biens et droits, qui avaient fait l'objet de la cession de 1479 ; et parmi ces objets, les mines et minières se trouvent nettement indiquées.

58. Après avoir rappelé, et les lettres patentes du 1ᵉʳ août 1479, et la transaction du 20 février 1296 (2), par laquelle

(1) Sommaire, nᵒˢ 545 à 553 : voir pièce justificative 2.
(2) Voir supra, nᵒ 18.

le comte Amé de Savoie avait définitivement reconnu au profit du seigneur Nantelme des Hurtières le droit de haute et basse justice sur les trois paroisses de la vallée des Hurtières, ces lettres patentes ajoutent :

« Nec non visis omnibus aliis informationibus, titulis, documentis, juribus, et expletis, tam nostris, quam antecedentis domini Cameræ consanguinei nostri, et ipsis diligenter omnibus inspectis, tam per nos, quam Concilium nostrum, nobiscum ordinarii residens, auditáque relatione spectabilis Benedicti fidelis Conciliarii nostri, ac advocati fiscalis D. Defedentis de Pectenatis, cui visitationem antedictorum omnium, et singulorum jurium commisimus, matura super his deliberatione præhabita tam nostra, quam dicti Concilii nostri residentis, quia conquæstum fuit per præfatum consanguineum nostrum advocatos, et procuratores nostros fiscales super *his mœnis, mineralibus, sive mineraliis* movere, seu commovisse controversiam, quæstionem, seu litem, et de movendo ulteriores minando, asserendo vigore dicti tituli ut supra per procuratorem nostrum exhibiti ipsa mineralia ad præfatum dominum comitem consanguineum nostrum non spectare. »

« Ayant pris pleine connaissance de la teneur et du contenu des susdits actes, ainsi que de toutes les autres informations, titres, documents, droits, tant de nous que de notre parent le seigneur de la Chambre, après les avoir sérieusement examinés tant par nous-mêmes que par le conseil qui m'entoure habituellement, ayant entendu le rapport de notre digne, cher et fidèle conseiller et avocat fiscal défenseur de Pectinat, auquel nous avons confié l'examen de toutes les susdites pièces, après mûre délibération faite préalablement avec notre conseil : c'est pourquoi notre susdit parent, nos avocats et procureurs fiscaux discutèrent la question s'il y avait lieu de donner ou d'avoir donné les susdites mines et d'en poursuivre l'exploitation, et si les actes et titres susdits produits par notre procureur prouvaient bien les droits de notre susdit parent le comte de la Chambre. »

59. Voilà l'histoire du procès, le rappel des prétentions respectives des parties.

« Volentes tamen finem prædictis controversiis, et litibus motis, et movendis per antedictos procuratores, seu advocatos nostros fiscales citra, et ultramontanos, tam conjonctim, quam divisim super *antedictis minis*,

« Et furent à la fin d'accord sur les différends controversés et à discuter, tant les procureurs et avocats fiscaux de ce côté que de l'autre côté des monts, sur lesdites mines existant dans le domaine dit d'Hurtières, de quelque nature qu'ils soient. Aussi il

*sive mineralibus situatis et exis-* | ressort pour nous du précédent exposé
*tentibus in*, *et supra mandamento* | des droits et autres susdits, qu'en
*dicti loci Urteriarum, cujuscum-* | vertu de justes titres et causes ils ont
*que speciei sint, vel materiei exis-* | été en possession de toutes ces mines
*tant,* etiam quia nobis constat ex | pendant plus de dix, vingt, trente et
antedictis, et mentionatis juribus, | quarante ans, et plus encore. »
et aliis fore, et fuisse 10, 20, 30, |

40 annis elapsis, et ultra justis titulis, et causis in possessionem dictarum omnium, et singularum mænarum et mineralium. »

60. Le duc de Savoie finit par reconnaître la réalité de la possession invoquée par le comte de la Chambre.

« Per has nostras litteras de-|« C'est pourquoi nous déclarons par
claramus *ipsas minas, et mœne-* | les présentes lettres qu'en général
*ralia omnes, et singulas auri, et* | toutes les mines, soit d'or, d'argent,
*argenti, cupri, æris, aurichalchi,* | de cuivre, de similor, d'airain, de
*calibis, ferri, stamni, plumbi, at-* | chaux, de fer, d'étain, de plomb, d'a-
*que aluminis, ac cujusvis alterius* | lun, et de n'importe quel autre mé-
*metalli, et cujuscumque generis* | tal, et de tous les genres de miné-
*mineralium, tam in nemoribus ni-* | raux gisant tant dans les forêts que dans
*gris, quam alias in toto manda-* | le reste du district d'Hurtières, appar-
*mento, et districtu Urteriarum si-* | tiennent de plein droit (en toute pro-
*tuatarum, et existentium, pleno* | priété) et doivent appartenir à notre pa-
*jure, ad ipsum consanguineum nos-* | rent le seigneur Louis, comte de la
*trum Ludovicum Comitem Cameræ,* | Chambre, et à ses successeurs, impo-
*et suos, spectasse et pertinere, ac* | sant le silence le plus absolu et éternel
*spectare debere eidem Comiti, ac* | aux avocats et procureurs fiscaux, tant
*successoribus suis,* adjudicando ac | au possessoire qu'au pétitoire. »
perpetuum silentium imponendo |

præfactis advocatis, et procuratibus nostris fiscalibus, tam in possessorio, seu quasi, quam in petitorio. »

61. Suivent les formules relatives à l'investiture du fief, puis les lettres patentes ajoutent :

« Et in augmentum feudi, | « C'est pourquoi nous donnons
quod a nobis aliunde tenet, da- | en fief et en jouissance (plutôt aug-
mus, tradimus, cedimus, dona- | ment, augmentation) de fief, relevant
mus, concedimus, ac jure proprio | de nous, donnons, livrons, cédons, in-
penitus, et in perpetuum remitti- | vestissons de notre plein droit et pour
mus sub eisdem fidelitate, et ho- | toujours, sous hommage et fidélité à
magio, ad quem nobis adstrictus | nous, et sauf obligation de nous sou-

est, quidquid inde juris, actionis, rationis, partis, proprietatis, et ulterius cujuscumque reclamationis nobis, et nobis in eisdem spectant, pertinent, spectareque, et pertinere possunt, et debent nunc, vel in futurum quavis ratione, jure, titulo, sive causa, *in prædictis mœnis sive mœneralibus*, et nemoribus nigris, ita quod idem Comes sui prædicti amodo, et in perpetuum possint, et valeant, eisdemque liceat *prædictas mœnas, minerias, et mineralia, et equidem nemora nigra habere, tenere, possidere, vel quasi, fodi et perquiri facere, locare, vendere, alienare, illis que uti et gaudere, et alias de eisdem plane, et libere disponere, agereque et experiri, et facere pro libito voluntatis, sicut de re sua propria,* ac prout nos ipsi ante hujusmodi infeudationem facere et disponere poteramus, et debebamus nos de eisdem mœnis, atque mineralibus, mineriis, et nemoribus nigris, ut præmittitur, infeudatis divestientes, et ipsum Comitem, et suos prædictos harum serie investientes, et in locum nostrum ponentes, et procuratorem nostrum irrevocabilem in rem suam constituentes, jure tamen feudi, fidelitatis, homagii directi feudi, dominii, superioritatis, et resorti, cum alterius ratione in præmissis salvis, nihil alterius juris, actionis, partis, proprietatis, et alterius reclamationis, præter hæc in prætermissis reservatis, sed in præfatum Comitem, et suos prædictos totaliter transferentes. »

mettre tous différends de territoire, ou réclamation quelconque, le mettant maintenant et pour toujours, pour tous droits et titres, en possession des susdites mines et forêts; c'est-à-dire que le susdit comte et les siens puissent posséder et garder en fief les susdites mines et bois, et les louer, vendre, aliéner, en garder l'usufruit ou la jouissance et généralement en disposer pleinement et librement, comme nous aurions pu avant la donation (plus exactement l'inféodation) à lui faite, agir avec les mêmes bois et mines : nous en dépouillant et en investissant ledit comte et le mettant à notre place et le plaçant comme notre agent (plus exactement, le constituant notre mandataire en sa propre chose, *procurator in rem suam*), sous serment toutefois de fidélité et d'hommage de fief direct, et de supériorité de domaine, sauf les réserves faites plus haut, de différends de territoire ou de réclamations quelconques; mais aussi transférant et constituant totalement les susdits comte et les siens dans les biens sus-indiqués, et voulant le faire changer de nom (?) au profit dudit seigneur et des siens. »

62. Ces lettres patentes, si elles ne disent rien relativement au droit de seigneuriage, nous verrons le parti que le royal Patrimoine tira plus tard de ce silence (1), disent,

____

(1) Dans le fameux procès de 1772.

relativement au droit de propriété, tout ce qu'il est possible de dire.

63. Il est incontestable qu'*à partir du 17 mars 1497, les seigneurs d'Hurtières ont été confirmés dans leur prétention d'être les seuls et uniques propriétaires de toutes les mines sans exception comprises dans le fief des Hurtières.*
Cela est de toute évidence (1).

64. Et qu'on n'objecte pas que l'aliénation ainsi faite par le duc Philippe de Savoie au profit des comtes de la Chambre aurait été contraire aux prescriptions de la loi du 22 avril 1445 sur le domaine, bien que cette loi, comme on l'a déjà dit, ne comprît pas nominativement la propriété des mines parmi les droits régaliens : car, dans l'espèce, il s'agissait moins d'une aliénation que de la reconnaissance d'un droit antérieur à cette loi de 1445.

65. L'objection a d'ailleurs été prévue dans les lettres patentes, et elle trouve sa réponse dans le passage suivant, par lequel le duc Philippe a déclaré déroger à toutes les lois qui pouvaient faire obstacle à ce que le comte de la Chambre profitât du bénéfice desdites lettres.

« Non obstantibus lege aliqua, vel legibus quidquam in contrarium disponentibus, vel disponente, quibus, et dictis nostris certa scientia, et de plenitudine potestatis derogamus, et derogatum esse volumus, cancellantes, et annulantes præmissa jura nobis quovis modo competentia, si quæ sint in patrimonio nostro incorporata. »

« Nonobstant des lois quelconques qui pourraient contenir des dispositions contraires, auxquelles de notre plein droit nous dérogeons et voulons qu'il soit dérogé ; rayant et annulant tous nos droits susdits, quels qu'ils soient, ou placés (faisant partie) dans notre patrimoine. »

66. Ajoutons que ces lettres patentes ont été revêtues de

(1) Il est assez singulier que le texte de ces lettres patentes ne se trouve reproduit dans aucun des écrits publiés sur la question. Ne serait-ce pas parce que ces écrits émanent d'auteurs intéressés à nier les droits des anciens seigneurs d'Hurtières?

toutes les formalités nécessaires pour en parfaire la légalité et
et en assurer l'exécution, et qu'elles ont été entérinées le
11 avril 1497 par un arrêt du conseil de Chambéry (1).

67. Ajoutons enfin que, dans l'acte d'investiture du 4 décembre 1497 (2), il est de nouveau nominativement parlé
« de omnibus, et singulis mineralibus, mœniis, mineriis,
« tam auri, quam argenti, cupri, æris, aurichalci, calibis, ferri,
« stamni, plumbis atque aluminis, et cujusve alterius metalli,
« ac cujuscumque generis mineralium in tota terra, atque
« dominio suo prædicti Comitatus Cameræ, et aliorum lo-
« corum, districtuum, et mandamentorum suæ jurisdictionis, »
et que le comte de la Chambre fut nominativement investi des
droits à la propriété de ces mines, comme il le fut de tous les
droits et biens composant son fief.


## § 5

Conséquences des lettres patentes du 17 mars 1497. — Nouvelles reconnaissances des droits
de propriété des seigneurs de la Chambre sur les mines d'Hurtières.

68. Nous venons de voir que, par les lettres patentes du
17 mars 1497, les comtes de la Chambre, successeurs des comtes
d'Hurtières, avaient été confirmés dans la propriété de la généralité des mines comprises dans le mandement des Hurtières.

Il n'est pas besoin de faire remarquer que l'édit du duc
Charles (3) de Savoie, du 21 août 1509, qui rangea nominativement les mines parmi les droits régaliens, ne put avoir pour
effet de porter atteinte à des droits régulièrement acquis avant
sa promulgation : inutile d'insister sur ce point.

(1) Sommaire, nos 559 à 62.
(2) Ib., nos 563 à 570.
(3) Le duc Charles III.

69. En présence des lettres patentes dont nous venons de parler, qu'est devenue la condition des exploitants?

Relativement à ceux qui avaient commencé leur exploitation antérieurement à ces lettres, il paraît vraisemblable d'admettre qu'ils ont dû, pour régulariser leur position, faire ce qu'avaient fait les consorts Simon et le sieur Santhenay, c'est-à-dire, obtenir du comte de la Chambre la ratification de leur exploitation. Quant à ceux qui n'ont commencé à exploiter que postérieurement, il est manifeste qu'ils n'ont pu le faire d'une façon légitime et régulière qu'après en avoir obtenu la permission du propriétaire, c'est-à-dire du comte de la Chambre.

Ceux donc qui prétendraient aujourd'hui représenter ces exploitants, devraient, pour justifier de la légitimité de leurs droits, produire les actes de concession qui ont dû être octroyés à leurs ayants-cause. Quant aux représentants des comtes de la Chambre, ils trouvent dans les lettres patentes du 17 mars 1497 la consécration irréfragable de leurs prétentions, à moins qu'on ne prouve à leur encontre, preuve que nous ne croyons pas possible, que l'effet de ces lettres a été détruit par des actes ou des faits ultérieurs.

70. Au duc Philippe, l'auteur de ces lettres patentes, succéda le duc Philibert (1).

Par des lettres patentes du 13 décembre 1497 (2), il investit nouveau le comte de la Chambre des droits dont celui-ci avait été investi par le duc Philippe.

Dans ces patentes d'investiture, il est encore question « *infeudationis et declarationis minarum et mineralium Urteria-* « *rum.* »

71. Par de nouvelles lettres patentes du 11 octobre 1504 (3), le comte Louis de la Chambre fut une troisième fois investi des droits qui composaient son fief, par le duc Charles de Savoie,

(1) Philibert II.
(2) Sommaire, nᵒˢ 571 à 573.
(3) Ib., nᵒˢ 574 à 586. Pièce justificative 3.

frère du duc Philibert; et par ces lettres patentes, ce duc maintint et confirma expressément, au profit de ce seigneur, les droits qui lui avaient été attribués sur la généralité des mines comprises dans le comté de la Chambre.

72. Le comte Louis de la Chambre étant décédé, le comte Jean demanda à son tour l'investiture de son fief au duc Charles de Savoie, et, dans sa requête, il prit bien soin de rappeler les droits qui avaient été reconnus à son père sur les mines comprises dans le mandement des Hurtières. Des lettres patentes du 18 juin 1517 (1) firent droit à cette demande.

Le droit à la propriété de ces mines était si bien consolidé sur la tête des comtes de la Chambre, que, par un acte du 23 février 1520 (2), le comte Jean délégua en paiement à un sieur Jean Calvi, créancier du comte Louis son père, indépendamment des revenus de son fief de Rupécule, et en cas d'insuffisance d'iceux, les revenus qu'il retirait annuellement des mines du territoire d'Hurtières, jusqu'à concurrence de mille florins par an : « *qui reditus*, est-il dit dans l'acte, *solvuntur in præsentia-* « *rum, et percipiuntur per nobilem Joannem Carcafni Burgensem* « *Aquæbellæ, admodiatorem modernum prædictarum mænarum,* « *et de quibus reditibus ipse idem illustris dominus Comes vult* « *et jubet, et tenore hujus publici instrumenti dari, et solvi per* « *ejus admodiatores, et affitatores dictorum redituum anno quo-* « *libet ipso mille florenos ut supra debitos terminis supra scriptis* « *usque ad prædictam quantitatem quatuordecim millium floreno-* « *rum eidem nobili Joanni Calvi, vel ab eo causam habituris.* »

73. Citons maintenant pour mémoire, d'une part, une requête, en date du 7 octobre 1542 (3), du procureur-général du comte de la Chambre au juge de la Jugerie de la Chambre, par laquelle il demandait à être maintenu dans le droit de

(1) Sommaire, nos 587 à 594.
(2) Ib., no 595.
(3) Ib., nos 596 à 598.

percevoir certains droits d'*antinages* sur les minerais excavés dans le territoire d'Hurtières, sans qu'on sache d'ailleurs quelle suite a été donnée à cette requête ; et d'autre part, des lettres patentes du roi de France François I<sup>er</sup>, en date du 18 décembre de la même année (1), portant inhibition de troubler les comtes de la Chambre dans la possession de jouir desdits antinages.

74. Avant de mourir, le comte Jean de la Chambre, qui, comme nous venons de le voir, avait conservé dans leur intégrité les droits de son père sur les mines d'Hurtières, vit son comté érigé en marquisat par des lettres patentes du duc Emmanuel-Philibert, du 5 novembre 1562.

75. Son fils, Louis, ayant été appelé à lui succéder, se pourvut à son tour, par une requête du 15 février 1566 (2), auprès du duc de Savoie, pour obtenir l'investiture de son fief.

Des lettres patentes du 14 mars suivant (3) la lui accordèrent, et lui concédèrent, en termes exprès, le droit « de pou-« voir tirer et faire tirer toutes les mines, et minérailles en toutes « ses terres, soit or, argent, plomb, étain, cuivre, orpel, alun, « acier, fer, et toute espèce de métail, et minérailles, pour en « faire jouir à son plaisir, concédé et donné par feu de bonne « mémoire Amé duc de Savoie à messire Aymon, comte de la « Chambre, le 18 décembre 1467; signé Lamberty, confirmé « par Philippe, duc de Savoie, à Louis, comte de la Chambre, « le 17 mars 1497, signé Brunet, et par le duc Philibert audit « an le 3 décembre, et par son très-honoré seigneur et père, « Charles, dernier duc audit Louis, comte, le 22 octobre 1504, « et depuis investi par sondit seigneur et père à Jean, dernier « comte de la Chambre, le 18 juin 1517, signé Chatel. »

Le marquis de la Chambre ayant présenté ces lettres à l'entérinement, le procureur patrimonial conclut, et dit

(1) Sommaire, n<sup>os</sup> 599 et 600.
(2) Ib., n<sup>os</sup> 610 à 613.
(3) Ib., n<sup>os</sup> 601 à 609. Pièce justificative n° 4.

quant à l'article « de la permission de tirer des minéraux, ne
« pas empêcher d'en tirer rière ses terres sans préjudice pa-
« reillement des droits de S. A., *et avec la faculté à S. A. d'en*
« *faire tirer quand bon lui semblerait*(1). »

En conformité de ces conclusions, un arrêt de la Chambre des comptes était intervenu le 6 avril suivant (2), arrêt par
lequel, en ce qui concerne les mines (3), la Chambre avait ordonné que le marquis de la Chambre jouirait « de l'effet et
« contenu desdites lettres, sans préjudice des droits de Son Al-
« tesse... et de pouvoir, quand bon semblerait à sadite Altesse,
« faire tirer les mines ès dites terres dudit sieur suppliant. »

Par suite d'une erreur, qui semble évidente, la Chambre, en visant les lettres patentes de 1497 (4), par lesquelles le
duc Philippe avait reconnu les droits du seigneur Louis de la
Chambre à la propriété des mines, avait déclaré que ces patentes n'avaient été ni vérifiées, ni entérinées ; elles l'avaient
été par un arrêt du conseil de Chambéry du 11 avril 1497 (5).

Le nouveau marquis de la Chambre protesta contre cet
arrêt et se pourvut auprès du duc de Savoie (6), et le 27 septembre 1566 intervinrent de nouvelles lettres patentes (7),
qui accordèrent en termes exprès au marquis le droit absolu et
sans restriction (8) « de faire tirer toutes espèces de miné-
« railles, et métaux en toutes ses terres pour en faire et jouir
« à son plaisir. »

Ces nouvelles lettres patentes furent entérinées sans réserves,
pour ce qui regarde la propriété des mines, par un nouvel
arrêt de la Chambre des comptes du 25 octobre 1466 (9), *lequel*

---

(1) Sommaire, nᵒˢ 614 à 618.
(2) Ib., nᵒˢ 619 à 632.
(3) Ib., nᵒ 630.
(4) Ib., nᵒ 625.
(5) Ib., nᵒˢ 559 à 562.
(6) Ib., nᵒ 637.
(7) Ib., nᵒˢ 633 à 659.
(8) Ib., nᵒ 646. Pièce justificative 5.
(9) Sommaire, nᵒˢ 660 à 667. Pièce justificative 6.

*fit disparaître les réserves insérées dans les précédentes lettres au profit du duc de Savoie.*

## § 6.

Accensement du fief et des mines d'Hurtières. — La propriété des mines passe aux princes de la maison de Savoie.

76. Voilà de nouveau et à plusieurs reprises les droits des seigneurs d'Hurtières, sur la propriété des mines comprises dans leur seigneurie, reconnus et confirmés.

77. Si ces seigneurs étaient incontestablement propriétaires de ces mines, il n'apparaît pas qu'ils les exploitassent par eux-mêmes.

Nous avons indiqué, en 1494 et 1495, les permissions octroyées par le seigneur Louis de la Chambre aux consorts Simon et au sieur Senthenay.

Ces exploitations avaient-elles ou n'avaient-elles pas pris fin ? Les seigneurs d'Hurtières continuèrent-ils d'exploiter par autrui, ou exploitèrent-ils par eux-mêmes ? Il ne nous est pas possible de nous prononcer sur ce point d'une façon certaine.

Mais voici un acte, du 26 août 1615, qui mérite de fixer notre attention (1); c'est un acte de location des mines et minières comprises dans le mandement des Hurtières.

Il résulte du préambule de cet acte qu'après la mort du marquis Pierre de la Chambre, l'exploitation de ces mines avait été interrompue momentanément, ou tout au moins menaçait de l'être.

Les enfants du marquis étant mineurs, et n'ayant pu « adir « l'hoirie de feu leur père, » un arrêt du Sénat de Savoie avait député « pour économes à fin de pourvoir et faire pourvoir à

(1) Sommaire, nos 678 à 686.

« toutes choses nécessaires à l'égard de cette hoirie, » les con-
seillers et sénateurs Antoine Charpenne et François Tardy (1).

Une fois nommés, ces économes mirent en location la terre
d'Hurtières (2).

« Alors, continue l'acte en question (3), se présentèrent
« messire Jean Bouvier, César Louis, et messire Claude Salo-
« mon, lesquels ont fait certaines mises et enchères, savoir de
« 4,000 florins, ou bien bailler desdites mines et minérailles
« blanches et noires pour faire fer et acier pour chaque collée,
« à raison de deux ducatons par heure, l'heure comptée de
« 24 heures, et pour la ferme et usage des fourneaux, 200 flo-
« rins par an, et icelles fermes d'Hurtières exposées et pro-
« clamées, ont les mêmes expédiées auxdits Bouvier, Louis et
« Salomon, tant pour eux que par Jean Claude Andé, qu'ils ont
« associé. »

Ces propositions ayant été transmises à la dame Louise de
la Chambre, tante des mineurs héritiers du marquis défunt,
et ayant été acceptées par cette dame, les économes nommés
par le Sénat de Savoie *accensèrent*, aux personnes dont nous venons de parler, l'hoirie d'Hurtières avec ce qui en dépendait,
« tant rentes, greffe de judicature, chatelanie, curialité, four-
« neaux, martinet, *mines et minérailles de fer, acier et cuivre,..*
« sans y comprendre (toutefois) la mine d'or et d'argent, ni le
« bien appelé de Rivolet (4). »

Cet accensement eut lieu pour six ans, moyennant une
« ferme et cense annuelle de 4,000 florins payables aux mains
« de dame Louise de la Chambre, comtesse de Montréal. »

Ajoutons qu'il fut stipulé dans cet acte :

« Que pendant lesdites six années ne pouvaient lesdites mines être ac-
censées, ni se passer aucun contrat au préjudice du présent de la part des
fermiers ; »

Qu'il fut « permis auxdits fermiers de retirer des précédents fermiers

(1) Sommaire, n° 679.
(2) Ib., n° 680.
(3) Ib., n° 681.
(4) Ib., n° 683.

ce qu'ils se trouveraient devoir à forme de leur bail à ferme, lequel tiendrait selon sa forme et teneur, et envers lesquels modernes fermiers les actions furent cédées auxdits accenseurs ;

« A la charge et condition qu'il ne serait permis auxdits accenseurs d'associer d'autres avec eux en ladite ferme, et si enfin de la même leur restait quelques mines, ou charbon, il serait permis auxdits accenseurs faire couler l'année suivante aux mêmes fourneaux les mines qui leur resteraient, en payant audit seigneur marquis deux ducatons pour chaque heure de fourneau, qui est de vingt-quatre heures, le tout sans incommoder les fermiers qui succéderaient. »

78. Cet acte nous révèle une exploitation en pleine activité.

Si le seigneur d'Hurtières n'exploite pas par lui-même, il exploite par des fermiers, ce qui, pour le droit de propriété, revient absolument au même. Mais c'est bien le seigneur qui est propriétaire des mines, puisque c'est lui qui les afferme ; et c'est bien lui qui, pour la même raison, est propriétaire des hauts-fourneaux. Et les fermiers, en l'an de grâce 1615, sont MM. Jean Bouvier, César, Louis, Claude Salomon, et Jean-Claude Andé.

En présence d'une situation si bien accusée, est-il permis encore de parler des droits immémoriaux des paysans d'Hurtières, et d'invoquer, pour les justifier, la transaction du 24 septembre 1344 ?

79. Le bail des sieurs Bouvier et consorts, devant durer six ans, expirait en 1621.

Nous ignorons s'il fut renouvelé ; mais ce qui est plus important à noter, c'est qu'en 1623, le marquisat de la Chambre sortait des mains de la famille de ce nom, et que, par suite du testament de la dame Louise, marquise de la Chambre, en date du 2 septembre de cette année, ce marquisat passait aux mains du prince Thomas de Savoie (1).

A partir de cette époque, et en vertu de ce testament, la propriété des mines comprises dans le mandement des Hurtières appartint aux princes de la maison de Savoie.

(1) Thomas-François de Savoie, prince de Carignan, cinquième fils de Charles-Emmanuel I<sup>er</sup>, duc de Savoie.

## § 7.

Permissions diverses d'exploiter, accordées par le baron de Châteauneuf. — Caractères et conséquences de ces permissions. — La propriété des mines d'Hurtières passe aux mains du baron de Châteauneuf. — Acte de vente des 22 février et 5 août 1637. — Légalité de cette vente.

80. Les princes de la maison de Savoie ne conservèrent que soixante ans la propriété de la baronnie d'Hurtières.

Le 22 février 1687, aux termes d'un acte sous seing privé intervenu entre Emmanuel-Philibert-Amédée, prince de Carignan, et le sénateur baron de Châteauneuf (1), celui-ci se rendit acquéreur de la baronnie d'Hurtières moyennant le prix de 23,400 ducats.

81. Avant cette époque, le baron de Châteauneuf, s'il n'avait pas déjà acquis la propriété de toutes les mines comprises dans cette baronnie, en avait au moins la propriété partielle, ou avait dû se faire concéder le droit de les exploiter.

Nous le voyons en effet, à diverses reprises, et par plusieurs actes, octroyer à des habitants du mandement la permission d'exploiter des filons.

82. C'est ainsi que, par un acte passé devant un notaire ducal, le 7 avril 1662 (2), nous voyons « Louis Castagnery, baron de Châteauneuf, conseiller de S. A. R., sénateur au souverain Sénat de Savoie, donner « *à faire par moitié* deux entrées de fosses de mine de cuivre, plomb et fer, au canal de Montclavel, au-dessous du plan de la fosse, dans la montagne de Saint-Georges d'Hurtières, à Claude-Gaspard Ballafra d'An-

(1) Sommaire, n° 687.
(2) Pièce justificative 7.

tilliat en Lauraine, habitant audit Saint-Georges d'Hurtières, *à condition d'y tenir chacun un vallot*, et d'y travailler à moitié frais-dépens, et à condition aussi que toute la mine qui se ferait auxdites deux entrées de fosses serait toute délivrée audit seigneur baron de Châteauneuf, de quelque qualité qu'elle soit, en payant audit Ballafra la somme qui deviendra un prix entre eux. »

83. C'est ainsi encore que, dans un autre acte du 17 mars 1664 (1), reçu par la notaire Plantard, il est déclaré que le même baron, ayant « en suite de ses albergements, donné com- « mission à Jacques et Mauvis, fils de feu Claude Martin de « Saint-Georges d'Hurtières, leur avait fait des avances consi- « dérables pour faire des recherches de filons de mine tant de « cuivre et plomb que de fer, à condition de n'en donner à « qui que ce soit qu'audit seigneur baron ou à ses gens, qui « avait promis de les garantir et défendre contre tous ceux qui « voudraient les molester audit travail et de les payer comme ci- « après ; » et que par ce même acte il est déclaré encore que lesdits Jacques et Mauvis Martin se sont obligés à remettre au baron de Châteauneuf ou à ses gens « toute la mine qui sorti- « rait des filons de filet qu'ils avaient trouvé dessus Montgirod « au delà des plans de Ballafra, » au prix stipulé dans l'acte.

84. C'est ainsi que, par un autre acte du 12 novembre 1670, reçu par le notaire Minet (2), nous voyons le même baron con- céder à Michel Grollier, Pierre Frany, Henry Dupommier dit la France, et Claude Martin-Nicoud, tous quatre maîtres crosiers de Saint-Georges d'Hurtières, « la permission de travailler à « deux entrées de fosses que ledit seigneur baron avait fait « ouvrir à ses dépens les années passées à la cime du grand « canal de Montclavel par feu Claude Ballafra (c'était celui qui « avait comparu dans l'acte du 7 avril 1662) et Jean Chaboud, « pour en icelles entrées y faire de la marquisette (minerai de « cuivre). »

(1) Pièce justificative 8.
(2) Pièce justificative 9.

Par cet acte, lesdits maîtres crosiers s'obligeaient à faire cette marquisette « belle, bonne, capable et recevable, » et à la délivrer au baron de Châteauneuf à un certain prix.

L'acte ajoutait :

« Et pour donner moyen auxdits maîtres crosiers de descouvrir ladite marquisette, ledit seigneur baron leurs a promis et promet de payer toute la mine de cuivre qu'ils feront dans un fillon *où ils travaillent pour le service dudit seigneur baron* de Chasteauneuf située au plan de la fosse, et c'est jusques à ce qu'ils ayent descouvert de mine de cuivre auxdites entrées, auquel temps ils laisseront puis la moitié de leur travail à bon compte de ce qu'ils luy doibvent, et trouvant de la marquisette auxdites entrées, le travail leur en appartiendra et aux leurs tant seullement, sans qu'ils leur soit permis de vendre ledit travail ny y associer aucun estranger sans le consentement dudit Seigneur Baron, et venant iceulx maistres mineurs à travailler dans quelques filons des fosses du milieu pour y faire de mine de fer, ledit seigneur baron leur promet d'en prendre la moitié en payement. »

85. C'est ainsi enfin que, par un acte du 14 décembre 1676, reçu par le notaire Bronegard (1), nous voyons un sieur Jean, fils de feu Guilliot Chabod de Saint-Colomban du Villard, maître crosier habitant à Saint-Georges d'Hurtières, déclarer que l'entrée du filon de mine de fer, plomb et cuivre situé à Monclavel dessus, en la montagne dudit Saint-Georges, auquel il travaillait conjointement avec le châtelain Servason et autres, et dont il était fait état dans un contrat passé entre le baron de Châteauneuf, ledit Servason et les frères Rey, devant le notaire Pinet, le 7 juillet 1669, ne se faisait qu'au nom dudit seigneur baron, suivant le contrat sur ce passé le 15 juillet 1667 devant le notaire Plantard, lequel filon avait été découvert par le comparant à ses propres frais et dépens, lesquels lui avaient été fournis et avancés par ledit seigneur baron.

86. Les actes que nous venons d'analyser ont une haute importance, en ce qu'ils permettent de préciser la situation des exploitants à cette époque.

_____

(1) Pièce justificative 10.

En présence de ces actes, il serait impossible de soutenir sérieusement que la permission octroyée à ces exploitants avait pour résultat de les rendre propriétaires des fosses ou filons concédés; cela est de toute évidence, puisque nous voyons le baron de Châteauneuf, après avoir permis en 1662 à Claude Ballafra d'exploiter le filon de Montclavel, accorder une nouvelle permission en 1670, après la mort de cet exploitant, aux maîtres crosiers Michel Grollier, Pierre Frany, Henry Dupommier et Claude Nicoud, pour l'exploitation du même filon.

Vis-à-vis de ces exploitants, le terme de concession, que nous voyons à dessein employé par ceux qui représentent aujourd'hui les paysans, serait donc impropre. Ils avaient de simples *permissions* d'exploiter, soit les filons qu'ils avaient obtenu la *permission* de rechercher, soit ceux que le propriétaire avait fait rechercher à ses frais; et ces *permissions*, comme on l'a vu, leur étaient accordées à la condition, soit de partager le produit de la mine avec le propriétaire dans de certaines proportions, soit de lui vendre ce produit à un prix convenu entre les parties.

87. Est-il besoin de faire remarquer qu'à raison de leur nature et de leur importance, ces redevances, qui ne ressemblaient aucunement au droit de seigneuriage, n'avaient en aucune façon non plus le caractère d'un droit féodal?

Cela est de toute évidence, puisqu'à l'époque où ces permissions étaient accordées par le baron de Châteauneuf, celui-ci n'était pas encore propriétaire de la seigneurie d'Hurtières, et que ce n'était par conséquent pas en qualité de seigneur qu'il pouvait faire ces stipulations.

La possession de ces exploitants n'avait et ne pouvait avoir le caractère d'une possession *animo domini;* essentiellement précaire, et subordonnée à la condition résolutoire résultant de l'inexécution des engagements contractés, elle n'avait et ne pouvait avoir d'existence et de durée légale, qu'autant que ces engagements étaient fidèlement exécutés.

Cette situation, comme on le voit, diffère singulièrement de celle que les représentants actuels des paysans prétendent avoir appartenu à ces derniers en vertu de la transaction de 1344.

88. Il importe peu d'ailleurs de rechercher à quel titre précisément le baron de Châteauneuf avait accordé les diverses permissions dont nous venons de nous occuper ; mais ce qu'il importe de constater, c'est qu'à partir de l'année 1687, ce baron devint propriétaire des mines d'Hurtières, en vertu d'un titre parfaitement régulier.

89. Nous avons dit précédemment que, le 22 février de cette année 1687, un acte sous seing privé (1) avait été échangé entre le baron de Châteauneuf et Emmanuel-Philibert-Amédée, prince de Carignan, et que par cet acte le baron avait acquis la baronnie d'Hurtières, moyennant le prix de 23,400 ducats.

Cet acte fut ratifié et remplacé, le 5 août suivant, par un acte public (2), reçu par le notaire Giacone.

Il importe d'extraire de ces actes les stipulations relatives aux mines :

« Que tout le monde sache, est-il dit dans l'acte public de ratification, que par acte du 22 février dernier, ratifié par le Prince Sérénissime, le 23 du même mois, comme rendant essentielle la teneur du présent acte, le Prince Sérénissime Emmanuel-Philibert-Amédée de Savoie a vendu à l'Illustre seigneur Jean-Baptiste Castagnère, baron de Châteauneuf, sénateur de l'excellent Sénat de Savoie, tant en son nom propre qu'en celui du sénateur baron Jacques-Louis, feu son père, et en qualité de fondé spécial de pouvoirs du même, en vertu d'une procuration du 17 octobre 1686 par acte du notaire Blanc, la baronnie d'Urtières en Savoie, *avec les mines, produits des mines, minéraux de tous genres, bois, biens, revenus,* et toutes autres choses audit Prince Sérénissime dans ledit lieu et territoire d'Urtières, dépendances dudit fief, ainsi que les endroits sur lesquels existe seulement la simple propriété, avec de plus la faculté de faire valoir les cours d'eau, les bois, les territoires, *à l'effet d'exploiter les mines et minéraux dudit fief d'Urtières.* »

(1) Pièce justificative 11. Voir le texte et la traduction.
(2) Sommaire, nos 687 à 696.

« Par la présente, » est-il dit dans l'acte du 22 février, acte dans lequel Emmanuel-Philibert est représenté par son auditeur patrimonial, « par la présente, le seigneur auditeur et patrimonial général du Prince Sérénissime Emmanuel-Philibert-Amédée de Savoie, Annibal Pistivino, selon l'ordre verbal de S. A., a vendu, transféré et remis, selon les conditions et réserves inscrites au présent acte de vente, au seigneur baron de Châteauneuf, Jean-Baptiste Castagnère, senateur de l'Ill. Sénat de Savoie, acceptant et agissant tant pour lui que pour le baron Jacques-Louis de Castagnère, son père, et en son absence comme son fils émancipé pour ses héritiers et successeurs respectifs, agissant aussi comme procureur spécial institué par son père en vertu d'une procuration du 17 octobre 1686, par acte du notaire Blanc, la baronnie d'Urtières, en Savoie, *avec les mines, leurs produits, les minéraux de tous genres*, les bois, terres, droits seigneuriaux et toutes choses audit Prince Sérénissime, dans le lieu et territoire d'Urtières, dépendant dudit domaine, en un mot, toutes ses dépendances et appartenances, avec de plus la faculté de faire valoir les cours d'eau, les bois des bourg et territoire d'Uglée, *à l'effet d'exploiter les mines et minéraux d'Urtières.* ».....

.....« Il est encore convenu et arrêté que, nonobstant la vente susdite, resteront quand même au bénéfice du Prince Sérénissime, dans leur entière jouissance, les hôtelleries tant durables que temporaires avec leurs droits pour les mines qu'on extrait à Urtières son domaine, aussi bien que le bourg et le territoire de Boge ; c'est-à-dire, en un mot, il sera réservé à l'avenir au Prince Sérénissime et aux siens, la permission de faire de nouveaux logis tant temporaires que durables pour l'extraction des minéraux, pour les fondre dans Boge, mais seulement pour le fer et non autrement, et de la manière pratiquée précédemment par les logis des mines, dont les droits appartenaient au seigneur Prince et aux siens, sans qu'ils puissent rien diminuer au prix susdit, ni donner lieu aux seigneurs acheteurs d'avoir la moindre prétention de faire la moindre diminution au Prince Sérénissime et aux siens.

« De plus, lesdits seigneurs de Châteauneuf ne pourront, sous aucun prétexte ou motif tant réel qu'imaginaire, direct ou indirect, molester ou empêcher aucunement les susdits teneurs de logis dans l'accomplissement des droits supputés par lesdits logis et en vigueur avant la susdite vente.

« De plus, il est bien convenu que, touchant le contrat passé entre le Sérénissime Prince et le seigneur Louis Chapel de Rochefort, en date du 26 mai 1687 (cette date est sans doute erronée, puisque l'acte où cette réserve est insérée est du 22 février, c'est-à-dire de trois mois antérieur), reçu par le notaire Giacone, par lequel il est concédé audit de pouvoir exploiter les minéraux des mines d'Urtières *durant dix ans*, les seigneurs barons de Châteauneuf ne pourront apporter aucun empêchement audit seigneur de Rochefort dans ce contrat qui restera en pleine force et vigueur.

« De plus, il sera réservé au baron de Châteauneuf le père, tous les droits possibles pour les dommages et intérêts qu'on pourrait lui causer *en empiétement des mines à lui appartenant,* mais que, dans aucun cas, directement ni indirectement ledit seigneur baron ne pourra diriger ses réclamations contre le Prince Sérénissime et les siens.

« De plus, il est convenu que de la présente vente restent exclus les droits d'exploitation dus au seigneur baron de Châteauneuf jusqu'au présent. »

90. De cet acte, il résulte qu'antérieurement à cette vente, le prince de Carignan n'était pas propriétaire exclusif des mines des Hurtières, et qu'une partie de ces mines appartenait dores et déjà au baron de Châteauneuf : cela est évident, puisque le baron se réserve de réclamer des dommages-intérêts à raison des empiétements commis sur les mines lui appartenant.

Cette situation explique et justifie les actes portant permission par le baron de Châteauneuf au profit d'un certain nombre de personnes d'exploiter divers filons, actes que nous avons précédemment analysés.

De cet acte de 1687, il résulte encore que, sous les réserves y stipulées, et notamment sous l'obligation de respecter l'exploitation du seigneur Chapel de Rochefort, ladite exploitation devant durer seulement dix années, les comtes de Châteauneuf sont devenus propriétaires de la généralité des mines comprises dans le mandement des Hurtières.

91. Relativement à la légalité de cette aliénation par le prince de Carignan, aucun doute n'est possible.

Remarquons, en effet, tout d'abord, que le vendeur n'était pas le duc régnant de Savoie, lequel était à cette époque le duc Victor-Amédée II, mais un prince de la maison de Carignan, c'est-à-dire un neveu du duc régnant, et que les biens possédés par cette famille n'étaient pas soumis aux prohibitions édictées par les Royales Constitutions de 1723 (Liv. 6, tit. 2, art. 1).

Remarquons ensuite qu'en admettant que ces prohibitions fussent applicables à un patrimoine autre que celui du souveverain, cette aliénation serait antérieure aux constitutions de 1723.

Remarquons encore que cette aliénation a été faite au vu et su de l'auditeur patrimonial général, qui a figuré aux actes en qualité de mandataire du prince de Carignan.

Remarquons enfin que la prohibition d'aliéner le patrimoine royal ne devint pas tellement absolue, à partir de 1723, qu'il fût interdit au souverain (ib., art. 9) de consentir des aliénations ou inféodations dudit patrimoine « pour une urgente nécessité « ou une utilité évidente de la couronne, comme pour la dé« fense et conservation ou augmentation des États, ou pour « échanger ou racheter d'autres biens domaniaux. »

Or, il est déclaré, d'une part, dans l'acte de ratification du 5 août 1687, qu'une partie du prix d'acquisition était destinée au rachat d'autant d'impôts ou dans l'acquisition de quelque domaine, et, d'autre part, dans l'acte du 22 février, que le prince de Carignan était obligé « d'employer ce prix au ra« chat de quelque redevance ou à l'acquisition de quelques « biens ou héritages, » pourquoi le prince de Carignan hypothéqua non-seulement le solde du prix non payé, mais encore tous les domaines de la Savoie « en faveur du seigneur de Châ« teauneuf pour l'éviction dans la manière exprimée ci-dessus, « avec la recommandation que le rachat se ferait de leurs « propres deniers et sans préjudice de l'hypothèque gé« nérale. »

92. Nous ne pouvons nous empêcher de faire observer que, dans les écrits publiés jusqu'à ce jour sur la question, il est à peine fait mention de cet acte si important, *et qui a consacré d'une si incontestable façon les droits de la famille de Châteauneuf à la propriété des mines d'Hurtières.*

Dans l'écrit de M. Léon Brunier (p. 7), nous ne trouvons que cette courte mention : « Inutile d'expliquer comment la « moitié attribuée au seigneur des Hurtières parvint à la

« maison Castagnère de Châteauneuf, suivant acte du
« 5 août 1687. »

Si jamais explication fut utile, c'est à coup sûr celle que
nous avons donnée.

Si jamais erreur fut plus complète, c'est celle qui consiste à
prétendre que la moitié seulement de la propriété des mines
d'Hurtières parvint à la famille des Châteauneuf en vertu des
actes de 1687.

Il est vrai que l'auteur de cet écrit se proposait d'établir et
de justifier les droits des paysans d'Hurtières !

## § 8.

### Du 5 août 1687 aux Royales Constitutions de 1723.

Procès entre le baron de Châteauneuf et l'évêque de Maurienne. — La baronnie d'Hurtières devient comté. — Limites de ce comté. — Le prince de Carignan cède au banquier Marquisio une partie du prix de la baronnie d'Hurtières. — Acte du 24 juillet 1715
entre Marquisio et la baronne Bergère de Châteauneuf. — Nature et portée de cet acte.

93. L'acquisition de la baronnie d'Hurtières par le baron
de Châteauneuf fut suivie d'un long procès avec l'évêque de
Maurienne, qui prétendait avoir le droit de recevoir les lods
afférents à ce fief.

Les détails de ce procès sont longuement rapportés dans le
Sommaire du procès de 1772 (nᵒˢ 687 à 722) : inutile d'y insister, ce procès étant complétement étranger à la question des
mines.

Nous nous contenterons de rappeler qu'après la mort
du baron Jean-Baptiste Castagnère de Châteauneuf, sa veuve,
Christine Bergère, reconnut par un acte en due forme tenir
la baronnie d'Hurtières, devenue comté d'Hurtières, en fief
direct du domaine de S. A. R. (1) et que de cet acte de recon-

(1) Sommaire, nᵒˢ 723 à 738. — Le duc ; à partir de 1716, le roi Victor-
Amédée II.

naissance et d'aveu il résulte en termes exprès (1), que ce comté comprenait les trois paroisses de Saint-Georges, de Saint-Alban et de Saint-Pierre-de-Belleville, et avait pour limites « le lieu appelé la porte d'Hurtières, du côté d'Ai- « guebelle à droit fil, tendant vers certain rocher qui est sur « la rivière d'Arc contre le *nant* d'Argentine, et dudit endroit « appelé porte d'Hurtières, tendant à droit fil au Truchet, « soit à la roche sur ladite porte d'Hurtières jusques au rocher, « qu'on appelle le Rocher du pont de la Corberie, de la part « de Maurienne, et de ladite rivière d'Arc jusqu'au sommet « de la Montagne sur ledit lieu des Hurtières. »

94. Mais de nouveaux événements vont se produire.

Comme on l'a vu, le prince de Carignan avait vendu au baron de Châteauneuf le comté d'Hurtières moyennant 23,400 ducats.

Ce prix n'avait pas été entièrement payé comptant par le baron; et il résulte d'un acte du 12 mars 1701 (2), intervenu entre le prince et la baronne Bergère, veuve du baron, que le prince était demeuré créancier de 14,026 ducats.

Par ce même acte, le prince céda une partie de cette créance, soit 6,000 ducats, à un banquier nommé Marquisio (3), et la baronne s'obligea à payer cette somme à ce dernier.

95. Cette somme n'ayant pas été payée à son échéance, Jérôme Marquisio fit citer la baronne Bergère devant le royal Sénat (4).

La baronne ne pouvant se libérer en argent, Marquisio consentit « à accepter en paiement, autant de bien stables « (immeubles) qu'il en faudrait pour la somme au même due, « moyennant la diminution de la sixième du prix desdits « fonds, » ce qui fut agréé par la baronne.

96. En exécution de ces conventions, par acte public du

(1) Sommaire, n° 728.
(2) Ib., n° 739.
(3) Ib.
(4) Ib., n° 740. Pièce justificative 12.

24 juillet 1715 (1), la baronne Castagnère céda audit sieur Marquisio « la *possession* du fief d'Hurtières, selon la forme du « contrat de vente faite dudit fief par le Sérénissime seigneur, « prince de Carignan, auxdits père et fils Castagnère, comme « aussi selon les acquisitions faites tant auparavant qu'après « par lesdits sieurs Castagnère, et ce, moyennant la somme de « 83,600 livres à tant estimé, comme il en résultait du rapport « d'estimation y énoncé, avec la déduction, toutefois, de la « sixième pour le montant de 48,102 lives, 19 sous, 2 deniers, « à quoi s'était liquidée la créance dudit Marquisio : ce que, « attendu pour l'entière satisfaction dudit prix, il ne restait « plus que la somme de 27,479 livres, 27 sous, 9 deniers, « et que le même sieur Marquisio promit de payer dans « 4 ans, à mondit seigneur le prince de Carignan, en dé- « duction de ce qui lui était encore dû pour le paiement dudit « prix. »

Il fut convenu par le même acte (2) que la baronne de Châteauneuf aurait la faculté de racheter la *possession* de la baronnie, dans le délai d'un an, en payant à Marquisio ladite somme de 48,102 livres, 19 sous, 2 deniers, en prévenant le marquis six mois d'avance.

Il fut enfin stipulé (3) que, « pendant tout le temps que ledit « sieur Marquisio aurait ladite terre, il serait obligé de per- « mettre à ladite dame, aux agents et ayants-cause d'icelle, « l'usage des fourneaux et fabrique d'Argentine, l'*extraction* « *des minerais, bronze et fer,* la fonte d'iceux auxdites fa- « briques, sans qu'il pût y mettre empêchement sous quel- « que prétexte que ce soit, ni pour une cause prévue ou im- « prévue, et à la charge aussi par ledit Marquisio, dans le cas où « il viendrait à aliéner ladite baronnie et ses dépendances, de « contraindre les acquéreurs et leurs successeurs à tout ce « que dessus, moyennant le paiement du droit ordinaire, « payé jusqu'ici par ladite dame audit seigneur prince,

(1) Sommaire, n° 741.
(2) Ib., n° 742.
(3) Ib., n° 745.

« clause sans laquelle les parties n'auraient pas fait le présent
« contrat. »

97. Quelle est la nature des droits transmis, en vertu de
cet acte, par la baronne de Châteauneuf au banquier Marquisio
sur le comté d'Hurtières? Est-ce un droit de propriété, ainsi
que M. Léon Brunier donne à l'entendre à la page 7 de son
écrit? Est-ce un simple droit d'usufruit, de jouissance, de
*possession*, comme il est dit en l'acte?

Cette question, qui peut paraître délicate, n'a pas besoin
d'être examinée, attendu qu'elle a été souverainement tranchée par un arrêt du Sénat de Savoie du 18 décembre 1758 (1),
rendu entre le curateur à l'hoirie dudit Marquisio et la discussion des biens du comte de Châteauneuf, lequel arrêt a décidé
que les biens formant l'objet de l'acte du 24 juillet 1715 n'é-
taient possédés et retenus par Marquisio que par droit de
gage et d'hyppothèque, la baronne Bérengère n'ayant abandonné *que la seule possession* de la terre d'Hurtières pour le
paiement de sa dette.

### § 9.

RÉSUMÉ.

98. Nous voici arrivés aux Royales Constitutions de 1723 (2).
Pendant la période de temps que nous venons de parcourir,
deux situations ont pu seulement se trouver en présence, celle
des habitants du mandement d'Hurtières, et celle des Seigneurs, propriétaires de ce mandement.

99. Nous croyons avoir fait bonne justice des prétendus
droits que les représentants des habitants voudraient fonder
sur la transaction du 24 septembre 1344.

(1) Sommaire, nos 9, 31, 32, 40.
(2) La Savoie, réunie à la Sardaigne et à d'autres provinces, fut érigée en
royaume en 1720.

A supposer, ce qui nous paraît inadmissible, que cette transaction ait pu créer un droit quelconque au profit de ces
habitants, on devrait reconnaître, dans tous les cas, que
ce droit aurait été anéanti, soit par les lettres patentes du
17 mars 1497, soit par l'acte de vente des 25 février et
5 août 1687.

100. Les droits concédés aux exploitants par les divers actes
que nous avons successivement analysés, étaient de simples
permissions d'exploiter, à eux octroyées à titre onéreux et temporaire, et moyennant l'acquittement de certaines obligations.

Et ces permissions ont été octroyées par les seuls et uniques
propriétaires des mines, lesquels ont été incontestablement, du
17 mars 1497 au 2 septembre 1623, les comtes de la Chambre,
du 2 septembre 1623 au 22 février 1687, les princes de la
maison de Savoie, et à partir de cette époque, la famille de
Châteauneuf.

# CHAPITRE DEUXIÈME.

—·——

## 1ʳᵉ SECTION.

### § 1.

#### EXAMEN DE LA LÉGISLATION.

Dispositions des Royales Constitutions sur les mines et minières.

101. Le titre 6, livre 6, des Royales Constitutions de 1723 s'occupe de la législation des minières.

Les mines faisant, ainsi que nous l'avons vu, partie des droits domaniaux et régaliens, l'auteur de ces Constitutions n'a fait que tirer la conséquence logique de ce principe, en permettant à toutes personnes (art. Iᵉʳ) de chercher des minières, et de faire, pour les découvrir, des excavations dans toute l'étendue des États du Souverain.

Ces excavations pouvaient même être faites sans le consentement des propriétaires des terrains, mais à la condition de payer le montant du dommage causé (art. 2).

102. Une fois la mine découverte, l'inventeur ne pouvait l'exploiter sans une permission du Souverain, à peine d'une amende de cent écus (art. 3).

Il est à remarquer toutefois que le fait de cette découverte ne donnait pas, par cela même, le droit d'exploitation à l'inventeur.

De trois choses l'une, en effet : ou bien la découverte avait été faite dans un territoire immédiat; ou elle avait été faite dans un territoire inféodé, dont le vassal n'était pas investi du droit des minières ; ou bien enfin elle avait été faite dans un territoire inféodé, dont le vassal était investi du droit des minières.

Dans tous les cas, si les royales finances jugeaient à propos d'exploiter pour le compte du royal patrimoine, elles le pouvaient (art. 9), à la charge par elles d'accorder une récompense à l'inventeur. Si elles ne jugeaient pas à propos de faire cette exploitation, la Chambre des comptes pouvait, dans les deux premiers cas, accorder à l'inventeur la permission d'exploiter (art. 5).

Mais dans le troisième cas, c'est-à-dire quand le vassal était investi de ce qu'on appelle le droit des minières, la requête de l'inventeur devait être signifiée au vassal ou au possesseur du fonds, et ceux-ci devaient, dans le délai d'un mois, déclarer s'ils se proposaient d'exploiter (art. 6).

S'ils prenaient ce parti, ils étaient préférés à l'inventeur (art. 7), auquel ils devaient dans cette hypothèse payer une récompense, dont le montant, consistant en un tant pour cent sur le produit, était fixé par la Chambre des comptes (art. 9).

S'ils préféraient ne pas exploiter, ou s'ils laissaient passer le délai d'un mois sans faire connaître leur détermination, l'inventeur pouvait être autorisé à exploiter (art. 8).

103. Quel que fût l'exploitant, du vassal ou de l'inventeur, l'exploitation devait, à peine de déchéance, être commencée dans le délai de trois mois (art. 10), et ne pouvait être suspendue pendant plus de deux, sans un empêchement légitime, qui était apprécié par la Chambre des comptes (art. 11).

104. L'art. 12 imposait en outre à l'exploitant, autre, bien entendu, que le vassal investi du droit des minières, l'obliga-

tion de payer, soit au Souverain, soit aux vassaux investis du droit des minières, le dixième de l'or ou de l'argent, le quinzième du cuivre et de l'étain, et le vingtième du plomb et de tous les autres minéraux.

105. Enfin l'art. 13 défendait de transporter la matière extraite des minières hors des États, sans la permission du Souverain, sous peine de la perte de la matière et d'une amende de cent écus.

106. Tel est l'ensemble de la législation sur les minières, d'après les Royales Constitutions de 1723, et ajoutons, d'après un manifeste de la Chambre des comptes du 28 novembre 1738, rendu pour l'exécution de ces Constitutions.

## § 2.

### INFLUENCE DES ROYALES CONSTITUTIONS SUR LES FAITS ACCOMPLIS ET SUR L'AVENIR.

Les Royales Constitutions n'ont pas eu d'effet rétroactif. — Respect et maintien des droits acquis. — Nouvelle classe possible d'exploitants. — Nécessité pour les exploitants, autre que la famille de Châteauneuf ou ses représentants, de justifier d'une permission.

107. Comme toutes les lois, les Royales Constitutions de 1723 n'ont pu avoir et n'ont pas eu d'effet rétroactif; elles n'ont donc pas pu porter, et elles n'ont pas porté atteinte aux droits régulièrement acquis avant leur promulgation.

Nous venons de voir quels étaient ces droits relativement aux mines d'Hurtières.

*Propriétaire :* la famille de Châteauneuf, en vertu de l'acte des 22 février et 5 août 1687 ; *nue-propriétaire* seulement, cette même famille, en vertu de l'acte du 24 juillet 1715, et sauf l'effet des réserves insérées audit acte relativement aux minerais de bronze et de fer ;

*Usufruitier ou usager :* le banquier Marquisio, en vertu dudit acte du 24 juillet 1715;

*Exploitants :* 1° ceux qui avaient obtenu des permissions d'exploiter de la famille de Châteauneuf (actes des 7 avril 1662, 17 mars 1664, 12 novembre 1670, 14 décembre 1676), et qui exploitaient aux conditions convenues avec cette famille; 2° ceux qui avaient obtenu des permissions du prince de Carignan (Chapel de Rochefort), pour dix ans seulement, à partir du 26 mai 1687; cette permission était donc périmée en 1723).

108. Ainsi que cela résulte des actes, et que nous l'avons dit et prouvé, les permissions d'exploiter accordées avant les Royales Constitutions de 1723, soit par la famille de Châteauneuf, soit par le prince de Carignan, n'avaient pas eu pour résultat de transférer aux exploitants la propriété des filons exploités.

Que ces permissions fussent temporaires, comme celle accordée par le prince de Carignan à Chapel de Rochefort, ou qu'elles fussent sans limitation de durée, comme celles résultant des actes de 1662, 1664, 1670 et 1676, elles avaient eu tout au plus pour résultat d'investir les exploitants d'un droit de jouissance, analogue à celui d'un locataire ou d'un fermier, droit dont l'exercice était d'ailleurs soumis à l'exécution des conditions stipulées dans le contrat intervenu avec le propriétaire.

Mais à partir de 1723, et en vertu des Royales Constitutions, une nouvelle classe d'exploitants a pu prendre place à côté des précédents.

En effet, le fait que la famille de Châteauneuf était propriétaire de mines comprises dans le mandement des Hurtières, ne faisait pas que tous les filons existant dans ce mandement eussent été découverts.

Des filons encore inexploités, pouvaient et devaient rester à découvrir.

Le Souverain ayant accordé à toutes personnes le droit de recherche en matière de mines, des découvertes ont pu être faites par d'autres que par les précédents exploitants : ces découvertes ont pu être faites par les habitants ou paysans d'Hurtières.

Mais alors, de deux choses l'une : ou bien le propriétaire, usant du bénéfice de l'art. 7 (livre vi, titre vi) des Royales Constitutions, a déclaré vouloir exploiter pour son compte; dans ce cas, le droit de l'inventeur s'est réduit à obtenir une simple récompense ; où bien le propriétaire n'a pas usé de son droit de préférence; dans ce cas, l'inventeur a pu et dû obtenir une permission de la royale Chambre des comptes (art. 3 et 5).

109. En résumé, et depuis les Royales Constitutions de 1723, voici le langage qui peut être tenu aux représentants actuels des exploitants :

Quelle que soit l'origine de vos droits, vous n'avez pu les exercer régulièrement qu'en vertu d'une permission accordée par celui qui avait le pouvoir de l'accorder.

Cette permission, vous n'avez pu l'obtenir, avant 1723, que de la famille de Châteauneuf, ou de son représentant Marquisio, mais à la condition, dans ce dernier cas, de ne pas avoir plus de droits que ce dernier.

A partir de 1723, vous avez dû l'obtenir du pouvoir souverain.

Vous ne pourriez vous dispenser d'exhiber un acte de permission, que si vous étiez les représentants de la famille de Châteauneuf : car cette famille a, elle, un titre parfaitement en règle, c'est l'acte des 22 février et 5 août 1687.

Produisez donc vos titres.

Si vous ne les produisez pas, on aura le droit de vous dire : ou que votre exploitation, si elle a commencé avant 1723, a été *abusive,* car elle n'a pu s'exercer qu'au mépris des droits de la famille de Châteauneuf (1); ou que, si elle a commencé après 1723, elle a été *délictueuse,* puisqu'à partir de cette époque elle n'a pu commencer sans une permission de la Chambre des comptes.

---

(1) Si des titres étaient produits, ils prouveraient sans doute que cette jouissance a été purement *précaire,* et n'a jamais eu lieu *animo domini;* c'est pour cela sans doute qu'on évite de les produire.

## 2ᵉ SECTION.

**EXAMEN DES ACTES ET DES FAITS ACCOMPLIS SOUS L'EMPIRE DES ROYALES CONSTITUTIONS DE 1723.**

### § 1.

Situation du banquier Marquisio à la suite de l'acte du 24 juillet 1715. — Il tombe en déconfiture et meurt ; une discussion s'ouvre sur ses biens. — Un sieur Tabasse ou Tabasco est nommé procureur pour l'économat des fiefs d'Hurtières. — Exploitation du sieur Chardonnet. — Faits importants à examiner.

110. Ainsi que nous l'avons vu, la famille de Châteauneuf était devenue propriétaire des mines d'Hurtières en vertu de l'acte des 22 février et 5 août 1687, à la condition de respecter la permission accordée, pour dix années, par le prince de Carignan à Chapel de Rochefort.

Postérieurement, et en vertu de l'acte du 24 juillet 1715, le banquier Marquisio avait acquis la jouissance du fief d'Hurtières, mais sous la condition de permettre à la famille de Châteauneuf l'usage des fourneaux et fabriques d'Argentine et l'extraction des minerais de bronze et de fer (1).

Nous avons vu aussi qu'à partir et en vertu des Royales Constitutions de 1723, de nouvelles permissions d'exploiter ont pu être accordées par le pouvoir souverain.

111. Ce pouvoir fit-il immédiatement usage de cette prérogative ?

Il nous est difficile de nous prononcer sur ce point.

On signale bien, dans les écrits rédigés sur la question, l'existence, à une époque contemporaine de ces Constitutions, d'un sieur Chardonnet (2), qui avait affermé du seigneur de Château-

(1) Sommaire, n° 745.
(2) Mines de l'ancien mandement des Hurtières, p. 159 et 168.

neuf les fourneaux d'Argentine, appartenant à ce dernier, et qui y fondait les minerais de cuivre extraits dans le comté d'Hurtières.

Mais, comme on le voit, ce Chardonnet n'était qu'un maître de forges ; et rien d'ailleurs ne fait connaître en vertu de quel droit, ni de quel titre, ces minerais étaient extraits par ceux de qui il les achetait.

Il nous faut attendre l'année 1740, pour voir un exemple de concessions faites par le Souverain conformément aux Royales Constitutions de 1723 ; nous aurons l'occasion de nous expliquer tout à l'heure sur ces concessions.

112. Quoi qu'il en soit, le banquier Marquisio, qui avait été investi de la jouissance du fief d'Hurtières, avait fait de mauvaises affaires : il tomba dans une situation analogue à celle que nous connaissons sous le nom de faillite ; après sa mort, survenue vers 1733 (1), une *discussion* fut ouverte sur ses biens, et un curateur fut nommé à cette discussion, conformément aux lois existantes.

Ce curateur établit un sieur Tabasse ou Tabasco en qualité de procureur pour l'économat des revenus des fiefs d'Hurtières (2), et celui-ci, par un contrat du 22 janvier 1740 (3), *accensa* à un sieur Jacques Didier « tous les fruits, droits et re-« venus dépendans de ladite baronnie, consistant en prés, « terres, vignes, *droits des minières* et des colées, et autres y « spécifiés. »

113. Il faut nous arrêter un instant à cette année 1740 et aux quelques années qui vont suivre.

Cinq faits doivent principalement attirer notre attention :

1° Le procès commencé par Tabasse, et suivi ensuite par Jacques Didier, contre divers exploitants des mines d'Hurtières ;

2° L'accensement fait à Jacques Didier par ledit Tabasse, des

(1) Sommaire, n° 753.
(2) Ib., n° 747.
(3) Ib., n° 797.

*revenus* du fief d'Hurtières, et les acquisitions faites par ce dernier;

3° La concession faite à une Société anglaise, représentée par les sieurs Savage et de Vlieger, et celles faites à un sieur Duplisson, et aux sieurs Sherdley Grosset et C$^{ie}$;

4° Les nouvelles acquisitions faites par Jacques Didier;

5° Le procès intenté par l'évêque de Maurienne contre la discussion de l'hoirie Marquisio, et contre la Société Sherdley.

## 1.

Procès intenté par le seigneur Tabasse contre divers exploitants des mines d'Hurtières. — Ce procès n'a pour objet que le droit de seigneuriage. — Témérité des articulations produites par les exploitants.

**114.** Les détails du procès intenté par le sieur Tabasse, procureur établi pour l'économat des revenus du fief d'Hurtières, devant le juge-mage de la province de Maurienne contre plusieurs exploitants des mines d'Hurtières, sont relatés dans le Sommaire de 1772, n$^{os}$ 747 et suiv.

**115.** Ce procès débute par une requête présentée audit juge-mage par ledit sieur Tabasse (1), dans laquelle il expose que les vassaux des Hurtières avaient toujours été en possession d'exiger le vingtième des mines de fer, et le quinzième de celles de cuivre, qu'on tirait et excavait de ce territoire, mais que, comme les revenus dudit fief avaient été par lui accensés à un sieur Michel Anselme, lequel s'était absenté sans plus y avoir aucun fermier, les particuliers avaient cessé de payer ce droit, et refusaient de le payer.

En conséquence de cette requête, le sieur Tabasse obtient un décret d'ajournement, le 9 avril 1740, contre les sieurs Jacques Rey, Maurice Pichet, Georges Pichet son fils et autres, pour être maintenu, et en tant que de besoin réintégré dans la possession du droit de percevoir le cinq (sans doute vingt)

(1) Sommaire, n° 748.

pour cent des minières de fer, et le quinzième de celles de cuivre (1).

116. Comme on le voit, les difficultés existant entre le sieur Tabasse ès noms et ses adversaires portaient, non pas sur la propriété des mines, mais uniquement sur le droit de seigneuriage.

117. En présence des prétentions du sieur Tabasse, l'un des défendeurs, Jacques Rey, répondait à l'huissier, chargé de procéder à la saisie et au séquestre des mines (2), que ni lui ni ses aïeux n'avaient jamais rien payé aux seigneurs du comté d'Hurtières à l'occasion des excavations des mines, mais que cependant il avait ouï dire que l'on demandait autrefois les droits prétendus à ceux qui en faisaient l'*extraction* (3), c'est-à-dire à ceux qui venaient acheter le minerai dans le mandement pour le transporter ailleurs, mais non pas à ceux de l'*excavation*, c'est-à-dire à ceux qui travaillaient ou faisaient travailler aux minières, à cause de quoi il y avait eu un procès devant l'intendant et juge-mage de Maurienne entre la communauté du lieu et le sieur Anselme.

118. Le procès suit son cours; le 18 mai, les parties comparaissent devant le juge-mage (4).

Devant le juge, l'un des défendeurs, Pichet, rétractant, ou plutôt expliquant l'aveu fait par Jacques Rey devant l'huissier, soutient que le droit de seigneuriage ne pouvait être perçu que sur les mines nouvellement découvertes, qui seraient excavées en vertu d'une autorisation de la Chambre des comptes, à teneur des Royales Constitutions, mais qu'il ne pouvait l'être sur les anciennes mines d'Hurtières (5); il soutient (6) que depuis un temps immémorial il y a toujours eu des minières ouvertes

(1) Sommaire, n° 749.
(2) Ib., n° 752.
(3) Ib., n° 763.
(4) Ib., n° 754.
(5) Ib., n° 763.
(6) Ib., n° 760.

dans la montagne des Hurtières, où les habitants, et tous ceux qui ont voulu et pu, sont allés travailler, et ont fait des excavations à droite et à gauche pour en tirer de la mine de fer, et quelque peu de cuivre; il ajoute (1) que depuis un temps immémorial les habitants dudit lieu ont travaillé à ces mines ou y ont fait travailler à la vue de tous, sans que jamais aucun seigneur les ait inquiétés et leur ait demandé aucun droit; il affirme (2) enfin, qu'à supposer qu'un prétendu droit seigneurial eût été acquis au seigneur de la terre, les habitants en auraient prescrit l'exemption.

119. Voilà les articulations du sieur Pichet et de ses codéfendeurs; voilà, par son organe, manifestées dans toute leur énergie, les prétentions des habitants d'Hurtières, telles que leurs représentants les reproduisent aujourd'hui.

Mais, si, à l'encontre de la discussion Marquisio, c'est-à-dire du non-propriétaire, qui ne luttait que pour obtenir le paiement du droit de seigneuriage, elles avaient quelque chance de se produire, auraient-elles eu la même chance, si elles se fussent produites à l'encontre du légitime propriétaire, c'est-à-dire de la famille de Châteauneuf?

N'auraient-elles pas trouvé un éclatant démenti dans les actes précédemment analysés, actes par lesquels bon nombre de ces habitants avaient été investis à un titre purement onéreux et précaire du droit d'exploiter les mines découvertes dans ce mandement? N'aurait-on pas exigé la production de ces titres? A défaut de titres, les exploitants auraient-ils pu invoquer une possession *animo domini?* Auraient-ils pu invoquer autre chose qu'une simple tolérance?

Mais le véritable propriétaire n'était point partie au procès. Devenu momentanément étranger à la perception des redevances, se contentant de faire extraire, en vertu des réserves insérées dans l'acte de 1715, les minerais nécessaires au fonctionnement de son usine d'Argentine, il s'inquiétait peu des

(1) Sommaire, n° 761.
(2) Ib., n° 763.

intérêts de son créancier ; on comprend dès lors son absence,
·et par suite la témérité des affirmations produites au nom des
habitants d'Hurtières.

120. Ce sont d'ailleurs les mêmes affirmations qui s'étaient
déjà produites dans un procès engagé entre le général de la
communauté d'Hurtières, et Michel Anselme, premier accen-
seur des revenus des fiefs d'Hurtières, procès qui s'était terminé par une sentence du 5 juillet 1736 (1), sentence par laquelle les possesseurs de fosses avaient été condamnés à payer
le droit de seigneuriage.

121. Le procès intenté par le sieur Tabasse ès noms aux
personnes dont nous venons de parler, se termina par une sentence du juge-mage (2), en date du 18 mai, qui accorda « au
« sieur demandeur la saisie et séquestre des minières appar-
« tenant auxdits Maurice Pichet, et George son fils, à défaut
« du payement du droit seigneurial accordé pour l'excavation
« desdites minières par les Royales Constitutions, à raison de
« la quinzième pour le cuivre, et de la vingtième pour la mine
« de fer. »

122. Les défendeurs ayant appelé de cette sentence devant
le Sénat de Savoie, elle fut annulée pour cause d'incompétence
par un décret du 29 juin suivant (3) ; et par suite d'une nouvelle ordonnance du juge-mage, les parties furent renvoyées
devant la royale Chambre des comptes (4).

123. Ce procès fut alors repris, contre quelques-uns des défendeurs seulement, par un sieur Jacques Didier, devenu fermier du fief d'Hurtières en vertu d'un bail à ferme du 22 janvier 1740 et suspendu jusques en 1750 (5).

(1) Sommaire, n° 775.
(2) Ib., n° 776.
(3) Ib., n° 781.
4) Ib., n° 782.
(5) Ib., n° 784.

## 2.

Accensement des revenus du fief d'Hurtières au profit de Jacques Didier. — Acquisitions de fosses faites par ce dernier. — Nomenclature et caractère de ces acquisitions. — Plusieurs habitants d'Hurtières exploitent des mines dans le mandement d'Hurtières. — Pourquoi la possession ne pouvait pas alors conduire le possesseur à la propriété.

124. Comme nous venons de le dire, Jacques Didier était devenu, depuis 1740, fermier des revenus du fief d'Hurtières. Par un acte du 22 janvier (1), le sieur Tabasse ès noms lui avait accensé, ainsi que nous l'avons rappelé, « tous les fruits et re-« venus de ladite baronnie, consistant en prés, terre, vignes, « *droits des minières* et des colées et y autres y spécifiés. »

En sa dite qualité de fermier, et aussi en qualité de procureur établi par un sieur Thomas Settime, curateur de la discussion Marquisio (2), il avait repris le procès commencé contre divers habitants d'Hurtières.

125. Ce procès, dont nous ignorons l'issue juridique, se termina, vis-à-vis de la plupart des défendeurs, par un certain nombre d'acquisitions successivement faites par ce Didier.

126. C'est ainsi que, par un acte du 8 juin 1741 (3), il acquit de Jacques Philippe de Girard, moyennant 360 livres, le sixième d'une fosse dite de Saint-Joseph, et ses droits à la réintégration en possession du tiers d'une fosse dite de Saint-Georges, avec stipulation que, s'il obtenait cette réintégration, il paierait 50 livres de plus.

127. Par un autre acte des 8 et 16 octobre 1741 (4), les possesseurs des cinq autres sixièmes de cette fosse Saint-Joseph s'obligèrent à livrer à Jacques Didier toute la *marquisette* (mine de

(1) Sommaire, n° 797.
(2) Ib., n° 784.
(3) Ib., n° 810 à 12.
(4) Ib., n°ˢ 813 à 820.

cuivre) qu'ils extraieraient pendant 40 ans à partir du 1ᵉʳ novembre suivant, « pour le prix et somme de 3 livres 15 sous « chaque benate marquisette, pure, belle, bonne recevable, « capable, bien cassée et séparée. »

128. Le 26 du même mois d'octobre 1740, aux termes d'un acte dressé par le notaire Chichignod (1), le même Jacques Didier se faisait mettre en possession d'une fosse de marquisette, fer, et autres, abandonnée depuis plus de 15 ans, à laquelle il donnait le nom de fosse Saint-Jacques et François, et il acquérait de Michel Roux et des frères Sulpice une autre fosse dite de Saint-Victor, contenant de la marquisette, du plomb et du fer, dont ceux-ci venaient d'être mis en possession suivant les usages de l'époque, c'est-à-dire par l'attouchement du roc (2), et par l'apposition d'une marque (croix ou lettre) (3) à l'entrée de la fosse, avec convention que la moitié du produit lui appartiendrait, et que l'autre moitié appartiendrait pour un quart à Roux, et pour l'autre quart aux frères Sulpice (4).

129. Ajoutons que par un acte du 29 décembre 1744 (5), et par suite d'un transport consenti par Jacques Didier au profit des religieux de la Chartreuse de Saint-Hugon, les possesseurs des quatre cinquièmes de la fosse de Saint-Joseph s'obligèrent vis-à-vis de ces religieux à leur vendre le minerai qu'ils devaient vendre à Jacques Didier, et à leur continuer cette vente à l'expiration des 40 années stipulées dans l'acte du 8 octobre 1741.

130. Il est impossible de méconnaître, en présence de ces actes, que les habitants de Saint-Georges-d'Hurtières exploitassent à cette époque une partie des mines comprises dans cette paroisse, et qu'ils se prétendissent et considérassent comme propriétaires des fosses par eux exploitées.

Mais il nous paraît impossible de justifier la légitimité de ces

(1) Sommaire, n° 824.
(2) Ib., nᵒˢ 831 à 833.
(3) Ib., n° 835.
(4) Ib., n° 836.
(5) Ib., nᵒˢ 842 à 845.

prétentions, à l'encontre de la famille de Châteauneuf, qui avait été régulièrement investie de la propriété des mines comprises dans le fief d'Hurtières.

131. Toutefois, à côté du droit apparaît le fait ; à côté de la propriété apparaît la possession.

132. La possession de ces fosses par les habitants d'Hurtières pouvait-elle alors les conduire à la propriété par la prescription ?

C'est là une grave question, dont l'examen n'est pas utile, la situation qui existait à cette époque ayant été profondément modifiée plus tard.

Cependant, nous devons dire que, sous l'empire du droit féodal, un principe fondamental, principe que nous voyons rappelé par le sieur Tabasse dans son procès contre les habitants d'Hurtières (1), s'opposait à ce résultat. Ce principe, c'est « qu'aucune possession, quelle qu'elle pût être, ne pouvait « porter atteinte à un droit inféodé, et dont le seigneur était « investi. »

Ce principe était le corollaire forcé de celui de l'inaliénabilité des fiefs et des biens féodaux, principe qui avait été proclamé de nouveau dans les Royales Constitutions de 1723 (liv. VI, tit. III, chap. 6).

Or, nous savons que, par l'acte du 22 février 1687, les comtes de Châteauneuf avaient été investis, non-seulement du droit de seigneuriage, mais encore de la propriété des mines comprises dans le fief des Hurtières.

3.

Concessions émanées du pouvoir souverain — Concession à la Société Savage et Vlieger ; des réserves sont faites en faveur des mines d'Hurtières. — Autre concession faite à la Société Duplisson ; défense lui est faite d'exploiter ces mines. — Autre concession faite à la Société Sherdley, Grosset et Cie ; elle n'exploite pas ces mines.

133. Nous avons dit qu'à partir des Royales Constitutions de 1723, le souverain de Savoie s'était attribué le pouvoir de

(1) Sommaire, n° 772.

permettre les recherches de mines dans toute l'étendue de ses États, et d'en autoriser l'exploitation dans certaines circonstances et sous certaines conditions.

134. C'est en vertu de ce pouvoir que, par des lettres patentes du 14 décembre 1740 (1), Charles-Emmanuel (2) avait concédé à une Société anglaise, représentée par les sieurs Guillaume Savage et Robert Vlieger, le droit exclusif d'exploiter pendant 40 années les mines et minières situées dans ses terres immédiates.

135. Il paraît que cette concession n'avait pas été du goût du baron de Châteauneuf : car l'année suivante, le 25 mai 1741, ces concessionnaires présentaient une requête à Sa Majesté (3), dans laquelle ils exposaient qu'ils avaient été gênés et arrêtés dans leur exploitation, « parce que le baron de Châteauneuf « natif de Chambéry habitant presque toujours en Argentine, « cherchait tous les moyens de rendre illusoires les patentes « de 1740, et leur faisait perdre courage en faisant naître à « chaque jour les contestations sur leurs travaux, leur inten- « tant des procès, débauchant leurs artistes et ouvriers étran- « gers et naturels, usant des menaces directement et indirec- « tement contre eux et leurs employés... » Pourquoi ils sup- pliaient Sa Majesté de déclarer que « son intention et précise « volonté était qu'ils jouissent des priviléges à eux accordés à « l'égard des minières dans les terres immédiates, ou mé- « diates, à l'égard desquelles lesdites minières n'avaient pas « été inféodées ou investies, quand même quelques parti- « culiers auraient fait des découvertes ou commencé à en ex- « traire, ou que lesdites minières seraient dans leur propre « fonds, toujours dans lesdites terres immédiates ou médiates « non investies, dont le droit ne pouvait être contesté à Sa Ma- « jesté, quand lesdits particuliers se trouveraient dans le cas de « n'avoir pas satisfait à ce qui était porté par les Royales Cons-

---

(1) Demanio, feudi, miniere, Boschi, etc. T. XXIX., vol. XXVI, p. 897.
(2) Charles-Emmanuel II (comme roi).
(3) Loc., cit.

« titutions au titre des minières et manifeste de la Chambre
« des comptes du 18 novembre 1738, et d'ordonner au baron
« de Châteauneuf de leur rendre leurs artistes et ouvriers
« étrangers qu'il avait tirés de leur service. »

136. Cette requête fut suivie de nouvelles lettres patentes,
en date du 25 mai 1741 (1), dans lesquelles Sa Majesté déclara
que le privilége accordé aux sieurs Savage et Vliegler, comprenait les minières découvertes ou à découvrir tant dans les
terres immédiates que dans celles inféodées, dont les vassaux
n'avaient pas été investis du droit des minières.

« Bien entendu, était-il ajouté, que ceux qui avant l'octroi
« dudit privilége auront fait la découverte de quelque mi
« nière dans ces dernières et entrepris d'y travailler à forme
« des Royales Constitutions et du manifeste de la Chambre,
« sans en avoir abandonné le travail pendant l'espace de
« temps y prescrit, pourront le continuer à l'avenir, sans que
« les suppliants y puissent apporter aucun empêchement. »
A l'égard du baron de Châteauneuf, il lui fut enjoint de
rendre aux sieurs Savage et Vliegler les ouvriers, que ceux-ci
prétendaient avoir été par lui détournés.

137. Comme on le voit, si étendu que fût le privilége concédé à ces exploitants, il n'allait pas jusqu'à leur permettre
d'exploiter les mines comprises dans les terres médiates, dont
les vassaux avaient été investis du droit des minières : or, *tel
était le caractère des terres composant le fief d'Hurtières.*

138. A propos de cette concession, une autre remarque doit
être faite.

Si le baron de Châteauneuf détournait et débauchaitlesouvriers de la Société anglaise, c'est donc que, profitant des réserves insérées dans l'acte du 24 juillet 1715, il exploitait par
lui-même ou par d'autres une partie au moins des mines de fer
du mandement des Hurtières : et de fait il continuait à ex

(1) Loc., cit. p 898.

traire les minerais nécessaires à l'alimentation de son fourneau d'Argentine.

139. La concesssion faite aux sieurs Savage et Vliegler ne fut pas la seule faite par le roi Charles-Emmanuel.

Par différentes patentes des 14 décembre 1740, 25 mai et 1ᵉʳ août 1741 (1), une autre concession avait été faite à une autre Société, à la tête de laquelle se trouvait un sieur Robert-Antoine Duplisson. Par ces dernières patentes, la Société avait obtenu l'autorisation d'exploiter, sous certaines conditions et dans certains cas, même les minières situées dans les terres inféodées, dans lesquelles les vassaux étaient investis du droit des minières.

En vertu de cette autorisation, le sieur Duplisson et ses as-sociés avaient cru pouvoir s'introduire dans les minières des Hurtières; mais le sieur Thomas Settime, agissant en qualité de curateur à l'hoirie du sieur Marquisio, se disant vassal d'Hurtières, Jacques Didier, et les Chartreux de Saint-Hugon, ayant, le 29 mars 1745, présenté une requête au sénat de Sa-voie à fin de s'opposer à cette introduction, il fut déclaré par une ordonnance, en date du 31 mars (2), que les minières dont s'agit appartenaient au fief d'Hurtières; par suite il de-vint impossible aux consorts Duplisson de continuer leurs exploitations dans ce fief.

140. Une autre concession avait encore été faite à une autre Société anglaise, représentée par les sieurs Henry Sherdley, Walter Grosset et Cᵒ (3), pour l'excavation des mines en Sa-voie par des lettres patentes de 1740 et 1741; mais il ne paraît pas que cette Société ait jamais exploité les mines des Hurtières.

141. De ce qui précède, il résulte que l'octroi de ces di-verses concessions n'avait pas modifié la situation au regard des mines d'Hurtières, et que les exploitants de ces mines avaient continué à être : 1° en vertu des réserves de l'acte du 24 juillet 1715 le baron de Châteauneuf; 2° en vertu d'une

(1) Sommaire, nᵒˢ 847 et suiv.
(2) Ib.; nᵒ 855.
(3) Ib., nᵒ 962.

possession, *non de droit, mais de fait,* un certain nombre des habitants d'Hurtières, représentés en partie par le fermier des revenus du fief, Jacques Didier.

## 4.

142. Nous avons signalé précédemment les acquisitions de fosses qui avaient été faites en 1740 et 1741 par Jacques Didier d'un certain nombre d'habitants d'Hurtières.

Ces acquisitions ne furent pas les dernières ; il en fit de nouvelles ; et, après sa mort, survenue en 1755, son représentant en fit encore.

143. Voici la nomenclature de ces acquisitions :

23 novembre 1745 (1). Acquisition, conjointement avec les Chartreux de Saint-Hugon, de la moitié de la fosse de Saint-Jacques.

14 mai 1747 (2). Acquisition, conjointement avec les mêmes, d'un sixième de cette même fosse.

7 août 1748 (3). Acquisition, conjointement avec les mêmes, de la moitié de la fosse de Sainte-Barbe, distante d'environ 10 toises de celle de Saint-Victor.

12 novembre 1749 (4). Conventions relatives à l'exploitation par moitié de la fosse de Saint-Sébastien.

24 août 1750 (5). Acquisition de la fosse du grand Sillon.

Une des conditions de la vente fut que Didier, en sa qualité de fermier du comte d'Hurtières, ferait remise aux vendeurs de tous les droits seigneuriaux dus par ces derniers, et s'élevant, depuis 1740, à la somme de 300 livres (6).

Il faut croire que les vendeurs n'étaient pas bien sûrs de

(1) Sommaire, n°ˢ 856 à 860.
(2) Ib., n° 861.
(3) Ib., n°ˢ 852 et 863.
(4) Ib., n°ˢ 864 à 866.
(5) Ib., n°ˢ 867 à 874.
(6) Ib., n°ˢ 868 et 869.

leurs droits ; car il fut convenu dans ce contrat (1) que, « ve-
« nant ledit sieur Didier à être molesté de la part de qui que
« ce soit sur lesdits sillons, il devra se défendre à ses propres
« frais, et poursuivre les instances jusqu'à sentence ou arrêt
« définitif, et entière exécution d'iceux. »

25 août 1760. Acquisition de la fosse Saint-Maurice, appelée encore fosse
Martin.

Comme dans le contrat précédent, il fut fait remise aux
vendeurs des droits de seigneuriage, et il fut convenu que, s'ils
voulaient travailler à la fosse, ils seraient, à prix égal, préférés
aux autres mineurs.

7 juin 1751 (2). Acquisition d'un douzième et demi de la fosse de Saint-
Joseph.

Même jour (3). Acquisition d'un tiers de la même fosse.

3 juillet 1751 (4). Acquisition d'un sixième de la même fosse.

4 août 1752 (5). Acquisition du huitième de la fosse de Saint-Laurent.

6 août 1752 (6). Acquisition de la dix-huitième partie de la fosse Saint-
Joseph.

Même jour. (7). Acquisition de la fosse du Sapey.

9 décembre 1752 (8). Acquisition de la moitié de la fosse Saint-Jacques.

Elle fut acceptée par Jacques Didier en paiement de ce qui
lui était dû par les possesseurs.

Même jour (9). Acquisition de la moitié de la fosse Saint-Sébastien et de
la fosse Saint-Roch.

10 décembre 1752 (10). Acquisition de la fosse Saint-François.

Même jour (11). Association pour l'exploitation de la fosse Sainte-Marie.

3 février 1753 (12). Acquisition d'un sixième de la fosse Saint-Joseph.

(1) Sommaire, n° 873.
(2) Ib., n°s 884 et 885.
(3) Ib., n°s 886 et 887.
(4) Ib., n°s 888 et 889.
(5) Ib., 890 et 891.
(6) Ib., n° 892.
(7) Ib., n°s 893 à 895.
(8) Ib., n°s 896 à 898.
(9) Ib., n°s 899 à 901.
(10) Ib., n°s 902 à 904.
(11) Ib., n°s 905 à 908.
(12) Ib., n°s 909 à 912.

26 avril 1755 (1). Acquisition par Jean Dupuy, en qualité d'économe aux fabriques de cuivre délaissées par feu Jacques Didier, du tiers de la fosse Saint-Laurent.

8 juillet 1756 (2). Albergement par le même Dupuy du quart de la fosse du Grand-Cû.

21 septembre 1757 (3). Acquisition d'une partie des sillons de la fosse Saint-Luc.

1er octobre 1757 (4). Acquisition du quart de la fosse Saint-Claude.

144. La question n'est pas de savoir si, par ces divers contrats Jacques Didier entendait acquérir la propriété perpétuelle des fosses qui lui étaient vendues, et que si ses vendeurs entendaient de leur côté lui transférer cette propriété.

Ce qu'il y a de positif, c'est qu'un pareil résultat ne pouvait s'accomplir au mépris des droits du vassal, propriétaire du fief, *c'est-à-dire au mépris des droits de la famille de Châteauneuf,* alors que, comme nous l'avons établi, sous l'empire des lois féodales, les fiefs et biens féodaux étaient inaliéables, et par suite imprescriptibles.

145. Les droits de cette famille sont incontestables : depuis 1687, elle était la seule légitime propriétaire des mines comprises dans son fief.

Maintenant, que, n'exploitant pas ou ne pouvant pas exploiter par elle-même la totalité de ces mines, elle ait toléré les exploitations des paysans; qu'à défaut d'un acte écrit, à l'aide duquel il serait possible de déterminer la nature et les conditions de ces exploitations, les exploitants puissent se prévaloir du consentement au moins tacite du propriétaire; qu'au mépris du principe de l'inaliénabilité des fiefs, ce consentement ait pu donner naissance à une sorte de contrat tacite, contrat qui aurait trouvé sa ratification dans la perception par le propriétaire ou par ses représentants de la redevance connue sous le nom de seigneuriage, tout cela est possible; mais ce qui n'est pas moins vrai, c'est que cette tolérance n'a pu avoir

(1) Sommaire, nos 992 et 993.
(2) Ib., no 1004.
(3) Ib., nos 1008 et 1009.
(4) Ib., no 1010.

pour résultat d'investir ces exploitants d'un droit de propriété perpétuel et incommutable sur les fosses par eux exploitées, puisqu'une permission, même expresse, ne les aurait pas alors investis de ce droit.

146. Nous venons de dire qu'une permission, même expresse, d'exploiter n'eût pas conféré aux exploitants d'alors un véritable droit de propriété sur les mines par eux exploitées.

Ce point, longuement discuté par le jurisconsulte Merlin (Question de droit, v° *Mines*, § 1), est nettement résolu par lui dans le sens de la négative. Il est vrai que, dans l'espèce, le seigneur haut-justicier (du Hainaut), qui avait accordé la permission d'exploiter, n'était pas, suivant Merlin, propriétaire foncier des mines, dont il avait permis l'ouverture et l'exploitation, et que par conséquent la situation était différente de celle qui avait été faite à la famille de Châteauneuf par l'acte de vente de 1687.

Mais, si cette famille était incontestablement propriétaire des mines comprises dans le fief par elle acquis, il n'est pas possible d'interpréter sa tolérance autrement que comme l'abandon temporaire d'un simple droit d'exploitation, et de considérer la perception du droit de seigneuriage perçu à l'occasion de ces exploitations autrement que ne la considérait Merlin, c'est-à-dire comme l'exercice d'un droit attribué à la qualité du seigneur.

147. Ce qui prouve jusqu'à la dernière évidence que ces exploitants n'étaient pas véritablement propriétaires des fosses par eux exploitées, c'est que, lors des ventes faites par eux à Jacques Didier, on ne trouve aucune mention, ni aucune trace du payement du droit seigneurial, dit de lods et ventes, qui devait se payer à chaque transmission de propriété immobilière d'un vassal à un autre.

S'il y avait eu une véritable transmission de propriété, ce droit aurait été payé.

5.

148. Nous avons dit précédemment que, vers l'année 1740, un procès avait été intenté par l'évêque de Maurienne contre la discussion de l'hoirie Marquisio.

Les détails de ce procès, qui dura effectivement du 16 juin 1745 jusqu'au 17 novembre 1753, sont rapportés au Sommaire de 1772 (nᵒˢ 913 à 969).

Il nous paraît inutile de nous y arrêter, attendu qu'il s'agissait uniquement du payement du droit de lods, que l'évêque soutenait lui être dû par Marquisio en vertu de son acquisition du 24 juillet 1715.

149. Nous en dirons autant du procès intenté par le même évêque contre la Société Sherdley, Grosset et Cᵉ (1), attendu que, dans celui-ci, comme dans le procès de 1687, il s'agissait du droit de seigneuriage, question toute différente de celle de la propriété des mines.

§ 2.

### De 1755 à la fin de 1758.

Mort de Jacques Didier. — il institue l'hôpital de Chambéry pour son héritier. — Mise en vente des 14 fosses acquises par Jacques Didier. — L'adjudicataire Dumésier déclare command au profit de Jean Cash, qui fait lui-même l'apport des fosses à la Société Villat. — Arrêt du Sénat de Savoie, duquel il résulte que Marquisio n'est pas propriétaire, mais seulement créancier gagiste du fief d'Hurtières. — Conséquences des décisions judiciaires analysées. — L'adjudication tranchée au profit de Jean Cash ne l'a pas investi de la propriété de toutes les mines des Hurtières.

150. Jacques Didier mourut en 1755, après avoir institué pour son héritier l'hôpital de Chambéry, lequel accepta sous bénéfice d'inventaire.

(1) Sommaire, nᵒˢ 961 à 992 ; 995 à 1003.

151. Après sa mort, un sieur Dupuy fut nommé par décision de justice économe de cette hoirie.

Nous avons indiqué les acquisitions de filons faites par ce dernier.

152. Cependant, par un arrêt du 8 mars 1757 (1), le Sénat de Savoie avait, à la requête des légataires et de certains créanciers, ordonné « qu'il fût procédé à l'estimation de tous « les meubles et effets délaissés en l'hoirie dudit sieur Didier, « et descrits dans l'inventaire légal, de même *que des minières* « *rière Argentine, artifices, bâtiments et fosses qui en dépendent...,* » et qu'après l'estimation « lesdits meubles et effets, minières et « artifices, bâtiments et fosses fussent en conséquence exposés « en vente et expédiés aux plus offrants et derniers enché- « risseurs en conformité des Royales Constitutions. »

153. L'estimation ordonnée par cet arrêt fut faite par un sieur Jean Cash et par un sieur Christophe Chiffel, experts agréés par les divers intéressés à l'hoirie (2).

Du procès-verbal dressé par ces experts (3), il résulte que trente-trois acquisitions avaient été faites par Jacques Didier, et que les fosses ainsi acquises et dépendant de l'hoirie étaient les suivantes :

1° La fosse de Saint-Joseph (4),
2° La fosse de Saint-François (5),
3° La première fosse de Saint-Jacques (6),
4° La seconde fosse de Saint-Jacques (7),
5° La fosse du Sapey (8),
6° La fosse de Saint-Claude (9),

(1) Sommaire, nᵒˢ 1011 à 1016.
(2) Ib., nᵒ 1017.
(3) Ib., nᵒ 1018 et suivants.
(4) Ib., nᵒ 1018.
(5) Ib., nᵒˢ 1019 et 1020.
(6) Ib., nᵒ 1021.
(7) Ib., nᵒˢ 1022 et 1023.
(8) Ib., nᵒˢ 1024 et 1025.
(9) Ib., nᵒˢ 1026 et 1027.

7° La fosse Sainte-Barbe (1) (elle était abandonnée),
8° La fosse Saint-Sébastien (2) (aussi abandonnée),
9° La fosse Sainte-Marie (3) (aussi abandonnée),
10° La fosse Sainte-Lucie (4),
11° La moitié de la fosse Saint-Laurent (5),
12° Une partie de la fosse Saint-Georges (6),
13° La Grande-Fosse (7),
14° La fosse Saint-Maurice et Martin (8),

L'ensemble de ces fosses fut estimé à la somme de 34,700 livres (9).

Remarquons bien que ces quatorze fosses et filons étaient les seules qui fissent partie de l'hoirie Didier.

Le Sénat de Savoie ayant, le 29 mai 1758, rendu un manifeste (10) pour la vente des minières, artifices, bâtiments et fosses dépendant de cette hoirie, un sieur Dumésier s'en rendit adjudicataire, le 3 juillet, pour la somme de 90,000 livres (11), « tant pour lui que pour ses amis à élire. »

154. Si une chose est évidente, c'est que, ce qui a été mis en adjudication et ce qui a été adjugé, *ce sont les 14 fosses estimées par les experts Cash et Chiffel*, pas une de moins, mais pas une de plus.

Cependant, dans la réplique par eux adressée à M. le préfet de la Savoie, les représentants du sieur Grange ne craignent pas d'affirmer le contraire. Voici comment ils s'expriment :

« A cet égard, on fera remarquer que dans le manifeste et l'adjudication de 1758, il est question en première ligne des *minières*, c'est-à-dire des

(1) Sommaire, nᵒˢ 1028 et 1029.
(2) Ib., nᵒˢ 1030 et 131.
(3) Ib., nᵒˢ 1032 et 1033.
(4) Ib., nᵒˢ 1034 et 1035.
(5) Ib., nᵒˢ 1036 et 1037.
(6) Ib., nᵒˢ 1038 et 1039.
(7) Ib., nᵒˢ 1040 et 1041.
(8) Ib., nᵒˢ 1042 et 1043.
(9) Ib., nᵒ 1046.
(10) Mines de l'ancien mandement des Huitières, p. 8.
(11) Sommaire, nᵒ 1050.

*mines* suivant le langage légal de cette époque, et après les minières, qui sont l'objet essentiel de la vente, on mentionne les artifices, bâtiments et fosses qui en dépendent. On ne fait pas d'assignation spéciale d'une partie du prix pour les *minières*, comme on en fait pour les *fosses à filons*, pour les *mines* (minerai) *trouvées* dans les fosses... Mais il n'en est pas moins vrai que l'on a entendu mettre aux enchères et adjuger les *minières*, c'est-à-dire quelque chose d'énergique et d'indéterminé, qui n'était ni le minerai déjà extrait, ni les filons ou fosses en cours d'exploitation, et qui, par conséquent, ne pouvait être que la *mine*, suivant le sens que le droit moderne attribue à ce mot. »

Pour réfuter cette insoutenable prétention, nous nous bornerons à rappeler que, par son arrêt du 8 mars 1757, celui dont nous venons de parler, le Sénat de Savoie avait ordonné qu'avant la vente il fût procédé à l'estimation de tous les meubles et effets composant l'hoirie Didier, de même que des minières, rière Argentine, artifices, bâtiments et fosses, *qui en dépendaient;* que, si le Sénat de Savoie, contrairement à toute vraisemblance, avait entendu que les minières qui dépendaient de l'hoirie Didier, étaient, non pas celles qui étaient exploitées par Jacques Didier, et qui avaient fait l'objet des 33 acquisitions susmentionnées, mais toutes celles qui se trouvaient comprises dans le mandement des Hurtières, les experts, se pénétrant du sens et de la portée de l'arrêt du 8 mars, auraient estimé, non-seulement ces fosses, mais encore la généralité de ces minières; qu'au lieu de procéder ainsi, les experts, « après « avoir, ainsi qu'ils le déclarent dans leur procès-verbal, atten- « tivement vues, lues et considérées les acquisitions faites par « ledit feu sieur Didier, et autres, qui étaient au nombre de 33, « concernant lesdites fosses, minières et artifices (1) » (est-ce clair ?), se sont bornés à faire l'estimation des quatorze fosses, sans estimer l'ensemble des minières situées dans le mandement.

---

(1) Sommaire, n° 1018. C'est dans cette même réplique que les héritiers Grange demandaient pourquoi MM. Belmain et Frère-Jean avaient produit le Sommaire, d'où nous tirons tous ces extraits, disant qu'ils ne comprenaient pas quel parti on pouvait tirer de cet énorme volume, de ce fatras indigeste. N'est-ce pas parce que de ce volume on peut extraire la vérité, et que la vérité est plus indigeste pour les héritiers Grange, que le fatras qu'ils ont ainsi qualifié ?

155. Mais reprenons la suite des faits.

Par un acte du 20 juillet 1758, Pierre Dumésier élut, c'est-à-dire, passa déclaration de command au profit de Jean Cash (1); et le Sénat de Savoie ayant, par un arrêt du 21 août (2), approuvé les subhastations desdites fosses et minières, et ordonné que le sieur Jean Cash fût mis en possession d'icelles, celui-ci fut mis en effet en possession par un acte des 30 et 31 du même mois (3).

156. Ajoutons qu'une Société ayant été formée, dès le 27 juillet (4), entre le sieur Cash et plusieurs autres pour l'exploitation de ces mines et minières, elles devinrent la propriété de cette Société.

Cette Société est connue sous le nom de Société Villat.

157. Tels furent les événements accomplis pendant le cours de l'année 1758 au regard de l'hoirie de Jacques Didier.

158. Nous ne quitterons pas cette année 1758, sans parler de la famille de Châteauneuf.

Tandis qu'une discussion était ouverte sur les biens du banquier Marquisio, mort en déconfiture, une autre discussion ne tardait pas à s'ouvrir sur l'hoirie de Jean-Baptiste Castagnère de Châteauneuf, et de son frère Jean-Louis, représentants de cette famille, morts tous deux dans une situation à peu près semblable à celle de Marquisio (5).

Cette discussion se termina par un arrêt du Sénat de Chambéry rendu le 18 décembre 1758 (6).

(1) Sommaire, n° 1051.
(2) Ib., n° 1053 ; Mines, p. 12.
(3) Ib., n° 1054.
(4) Mines, p. 10.
(5) De ce qu'à cette époque, l'hoirie Castagnère était devenue l'objet d'une discussion, les héritiers Grange veulent conclure que les représentants actuels de cette famille sont aujourd'hui sans qualité pour exciper des droits de cette famille. Depuis quand donc les tiers sont-ils fondés à se prévaloir de l'état de faillite ou de déconfiture de leur créancier, pour se soustraire au paiement de ce qu'ils peuvent lui devoir ?
(6) Pièce justificative 13.

159. De cet arrêt il résulte :

1° Que le seul représentant et propriétaire de la terre et sei-gneurie d'Hurtières et de ses dépendances était à cette époque noble Victor-Emmanuel de Castagnère Châteauneuf ;

2° Que parmi les créanciers de la discussion se trouvaient : d'une part, le prince de Carignan pour le solde du prix à lui dû, en vertu de l'acte de vente des 22 février et 5 août 1687 ; et, d'autre part, la succession Marquisio, en qualité de cession-naire d'une partie de la créance de ce prince ;

3° Que la créance du prince de Carignan s'élevait à une somme de 8,716 ducats au change de 5, soit, en livres, à une somme de 46,080 livres ;

4° Que celle de la succession Marquisio s'élevait à la somme de 6,000 ducats, soit 30,000 livres, sur laquelle il y avait lieu de déduire : 1° une somme de 3,300 livres payée par la dame Bergère de Châteauneuf ; 2° le montant des sommes perçues sur les revenus par la discussion Marquisio de 1715 à 1758.

160. De cet arrêt, qui fut rendu en présence des représen-tants Marquisio, il résulte jusqu'à la dernière évidence que ce banquier n'était pas, en vertu de l'acte de 1715, devenu pro-priétaire du fief d'Hurtières, qu'*il était un simple créancier ga-giste*, et que sa créance a dû cesser d'exister le jour où les revenus par lui perçus ont égalé cette somme en capital et intérêts.

161. A l'égard de l'arrêt du Sénat de Savoie, du 21 août 1758, rendu au profit de Jean Cash, sans contradiction de la part de la famille de Châteauneuf, en exécution de la procédure pu-bliquement suivie après la mort de Jacques Didier, si l'on doit admettre qu'il a eu pour résultat d'investir les acquéreurs, sinon de la propriété pleine et entière, du moins du droit d'exploiter les minières et fosses comprises dans l'adjudication tranchée au profit dudit Jean Cash, il faut aussi admettre que ce résultat n'a pu se produire que relativement aux quatorze fosses, nominativement comprises dans cette adjudication ; et que vouloir conclure de la propriété de ces fosses à la pro-

priété de toutes les mines comprises dans l'ancien mandement des Hurtières, serait une exagération illogique et une prétention déraisonnable.

## § 3.

### De la fin de 1758 à 1770.

Requête de la Société Villat à la Chambre des comptes afin d'obtenir la confirmation de l'acquisition de 1758. — Motif de cette requête. — Elle n'a pour objet que d'obtenir la confirmation de la vente des 14 fosses comprises dans l'hoirie Didier. — Conclusions du Procureur général tendant à revendiquer pour le Royal Patrimoine le droit de seigneuriage. — Transaction entre l'évêque de Maurienne et le Royal Patrimoine.

162. Au mois d'août de l'année 1758, à laquelle nous sommes arrivés, nous rencontrons un acte qui mérite de fixer toute notre attention : c'est une requête (1) adressée le 4 août par la Société Villat à la Royale Chambre des comptes.

163. Après avoir rappelé, dans le préambule, l'acquisition du 3 juillet 1758 et l'accomplissement de toutes les formalités qui avaient suivi cette acquisition, les requérants ajoutaient :

« Malgré toutes ces formalités qui paraissent devoir assurer une perpétuelle et tranquille jouissance aux supplians desdites minières et fosses, on leur a conseillé de présenter et produire à la Royale Chambre des Comptes les subhastations, vente et expédition, arrêt d'approbation et mise en possession, pour obtenir de V. V. E. E. telle approbation et déclaratoire qu'il vous plaira, qui les maintiennent et confirment dans leur possession, à ce ouï dire le Procureur général et en contradictoire d'icelui. Les supplians, ayant un intérêt bien essentiel de ne pas demeurer exposés à des recherches, et de prévenir toutes les difficultés, troubles et molesties qui pourraient leur être faites à l'avenir, et d'autant plus qu'il s'agit ici d'une somme fort considérable et qui forme une bonne partie de leur patrimoine, et pour raison de laquelle, dans le cas de quelqu'éviction, ils n'auraient ni recours, ni garantie, car une fois qu'elle aurait été délivrée aux créanciers, quelqu'événement qu'il arrive, il ne saurait y avoir lieu à répéter contre eux les deniers déboursés... »

(1) Mines, p. 16.

En conséquence, les requérants concluaient à ce que la Chambre des comptes leur accordât un décret ou déclaration d'approbation « de ladite vente et mise en possession desdites « minières, fosses et bâtiments. »

164. Les représentants de la Société Villat ont voulu expliquer la présentation de cette requête par le désir que devait avoir cette Société de se mettre en règle vis-à-vis du domaine, à teneur des Royales Constitutions de 1723.

Cette explication n'est pas acceptable.

En effet, ainsi que nous avons eu occasion de le dire, ces Constitutions n'avaient pu avoir et n'avaient pas eu d'effet rétroactif. Applicables aux mines non découvertes au moment de leur promulgation, elles ne pouvaient l'être à celles découvertes antérieurement : or, tel était le caractère des fosses et minières comprises dans l'hoirie de Jacques Didier. Pour celles-là, l'exploitation, ainsi que nous l'avons dit également, pouvait être légale, sans avoir été précédée d'une concession du pouvoir souverain.

Mais si, vis-à-vis du domaine, les craintes de la Société Villat peuvent paraître exagérées et même imaginaires, il n'en était pas de même vis-à-vis des propriétaires de la généralité des mines d'Hurtières, c'est-à-dire vis-à-vis de la famille de Châteauneuf.

Vis-à-vis de cette famille, le titre de la Société Villat était infecté du même vice dont étaient infectés ceux de Jacques Didier, son auteur.

Qu'est-ce que celui-ci avait au juste acquis de ses vendeurs? Était-ce un véritable droit de propriété? Était-ce un droit d'exploitation perpétuel, ou simplement temporaire? Ces actes d'acquisition étaient-ils opposables au seigneur?

Il y avait là de graves questions à résoudre, surtout si l'on en eût abordé l'examen à l'encontre et en présence de la famille de Châteauneuf.

Il était donc, tout à la fois, plus habile et plus prudent, pour essayer de purger tous ces vices, de s'adresser au chef de l'État, et de lui demander, à tout événement, la consécration d'une situation, dont on comprenait à merveille les inconvénients et les dangers.

165. Est-il besoin d'ailleurs de faire observer que cette requête avait pour objet d'obtenir de la Chambre des comptes, non pas, ainsi que les héritiers Grange ont la témérité de le soutenir, l'approbation de la vente de toutes les mines d'Hurtières, mais seulement l'approbation de la vente des minières comprises dans l'adjudication de 1758, c'est-à-dire des 14 fosses acquises par Jacques Didier?

166. Cette requête ayant été communiquée au Procureur général, celui-ci, sans s'opposer à la demande de la Société Villat, se borna à revendiquer le droit de seigneuriage au profit du Royal Patrimoine. Tel fut l'objet des conclusions par lui déposées le 10 août 1759 (1).

Cette requête devint du reste l'occasion d'un procès devant la Chambre des comptes, procès qui ne se termina que sous l'empire de la constitution de 1770; nous y reviendrons.

167. Pour achever l'historique des faits accomplis sous les Constitutions de 1723, nous dirons que le 8 février 1768, en vertu d'un acte intervenu entre l'évêque de Maurienne et le Royal Patrimoine (2), ledit acte entériné par la Chambre des comptes le 22 mars suivant, ledit évêque abandonna, en faveur du Roi, moyennant certains avantages et notamment moyennant une pension annuelle de 2,000 livres (3), tous les droits qui pouvaient lui appartenir sur les juridictions de certains lieux, parmi lesquels se trouvait le mandement d'Hurtières (4).

Si, jusqu'à présent, il nous a paru peu utile de nous occuper des prétentions de l'évêque de Maurienne, il deviendra complétement inutile de nous en occuper à l'avenir.

(1) Mines, p. 19.
(2) Sommaire, n° 1058.
(3) Ib., n° 1080.
4) Ib., n°ˢ 1077 à 1093.

# CHAPITRE TROISIÈME.

## 1<sup>re</sup> SECTION.

### EXAMEN DE LA LÉGISLATION.

**La Constitution de 1770 est semblable à celle de 1723.**

168. La Constitution de 1770 ayant reproduit, dans le titre VI de son livre VI<sup>e</sup>, les dispositions des Royales Constitutions de 1723 relativement aux mines et minières, nous pouvons aborder immédiatement l'examen des actes accomplis sous l'empire de cette Constitution.

## 2<sup>e</sup> SECTION.

### EXAMEN DES ACTES ET DES FAITS ACCOMPLIS SOUS L'EMPIRE DE LA CONSTITUTION DE 1770.

### § 1.

#### De 1770 au 25 janvier 1773.

Distinction à établir entre le droit de seigneuriage, le droit des minières et le droit de propriété. — Les curateurs à la discussion Marquisio et à la discussion de Châteauneuf interviennent au procès. — Celui-ci revendique l'intégralité du droit des minières. — Découverte de la transaction de 1344. — Le Procureur général se réduit à demander pour le Royal patrimoine la moitié du droit des minières. — Lettres patentes du 25 janvier 1772 au profit de la société Villat. — Elle obtient le droit d'exploiter les fosses acquises en 1758. — Arrêt de la Chambre des comptes du 25 janvier 1773. — La moitié du droit des minières est attribué au Royal patrimoine. — La question de propriété des mines est ajournée.

169. Nous avons dit l'objet de la requête présentée par la Société Villat à la Chambre des comptes le 4 août 1759, et dit

aussi l'objet des conclusions prises par le procureur-général le 10 du même mois.

Comme on l'a vu, il résultait de ces conclusions que le procureur-général revendiquait pour le Royal patrimoine l'intégralité du droit de seigneuriage.

170. Nous savons ce que c'est que ce droit.

Etait-il identiquement le même que le droit dit droit des minières? Ce droit des minières était-il lui-même l'équivalent du droit de la propriété?

En présence et sous l'empire des Royales Constitutions de 1770, voici ce qui nous paraît vrai :

171. Aux termes de l'article 1 (liv. vi, tit. VI) de ces Constitutions, le Souverain s'était réservé le droit de permettre la recherche des minières dans toute l'étendue de ses États.

Ce droit était général et absolu ; il s'exerçait non-seulement dans les terres immédiates, mais encore dans les terres inféodées.

Seulement, parmi les terres inféodées, il y avait lieu de distinguer celles dont le vassal était investi du droit des minières, de celles dont le vassal n'en était pas investi.

Dans les dernières, c'est aux Royales finances tout d'abord que le droit d'exploitation était réservé ; et c'est à défaut seulement des Royales finances que l'inventeur pouvait obtenir la permission d'exploiter.

Dans les premières, le droit d'exploitation paraît encore avoir été réservé aux Royales finances, préférablement au seigneur et à l'inventeur ; quant au seigneur, ce n'était qu'à défaut des Royales finances qu'il pouvait obtenir la préférence sur l'inventeur, à la charge d'abandonner à celui-ci un tant pour cent des profits faits annuellement sur la mine.

Quant à l'inventeur, lorsque c'est à lui que la permission d'exploiter était accordée, il devait, comme nous l'avons dit, payer un droit de seigneuriage, soit au Souverain, soit au vassal investi du droit des minières (art. 12).

172. Il résulte de ces dispositions que le droit des minières

attribuait seulement au seigneur qui en était investi : 1° le droit d'être préféré à l'inventeur pour l'exploitation, 2° celui de percevoir un droit de seigneuriage, quand il n'exploitait pas; mais il paraît bien résulter de l'art. 9 des Royales Constitutions que ce seigneur ne pouvait pas exploiter, quand les Royales finances jugeaient à propos de faire l'exploitation pour leur compte.

Si cette interprétation est exacte, on comprend que, les Royales Constitutions n'ayant pas pu avoir d'effet rétroactif, à côté des seigneurs simplement investis du droit des minières, il pouvait y avoir des seigneurs investis d'un véritable droit de propriété sur les mines de leur fief, et que l'avantage de ce droit était l'impossibilité pour les Royales finances d'user du droit de préférence qui leur avait été assuré par l'art. 9 des Royales Constitutions.

On conçoit dès lors l'intérêt qu'il y avait à distinguer le droit de propriété sur les mines du simple droit des minières.

173. Les détails dans lesquels nous venons d'entrer, sont indispensables pour la saine intelligence du procès qui s'engagea à la suite et en conséquence de la requête présentée par la Société Villat.

174. A la suite des conclusions prises par le Procureur général, à l'encontre de l'hoirie Marquisio, qu'il considérait, dans l'ignorance sans doute de la teneur exacte de l'acte de 1715, comme le vrai propriétaire du fief d'Hurtières (1), le curateur de ladite hoirie intervint, et représenta (2) qu'il ne tenait ledit fief qu'à titre de gage et d'hypothèque, et que ce fief appartenait à la discussion introduite sur les biens et hoirie de feu François-Maurice de Castagnère de Châteauneuf, et que, par conséquent, le procès ne pouvait se juger qu'en présence du curateur de ladite succession Castagnère de Châteauneuf.

(1) Mines, p. 18.
(2) Sommaire, n° 9.

175. Ce curateur intervint effectivement dans l'instance et revendiqua au nom de la famille de Châteauneuf (1) l'intégralité du droit des minières ; il n'avait pas d'ailleurs à se préoccuper du droit de propriété, puisque les conclusions du Procureur général n'avaient jusqu'alors pour objet que la revendication du droit de seigneuriage (2).

176. Le procès étant ainsi engagé en la présence des diverses parties intéressées, la recherche des pièces amena la découverte de la fameuse transaction du 24 septembre 1344, qui attribuait aux comtes d'Hurtières la moitié du droit de seigneuriage.

En présence de cette pièce, le Procureur général déclara se borner à revendiquer pour le Royal patrimoine la moitié du droit de seigneuriage, ou, pour parler son langage, la moitié du droit des minières (3).

Mais le curateur de la discussion Castagnère de Châteauneuf persista à soutenir que le droit des minières appartenait entièrement aux seigneurs d'Hurtières.

177. Tandis que le procès se suivait, la Société Villat, admettant que la moitié du droit de seigneuriage appartenait bien réellement au domaine, se pourvut auprès du roi Charles-Emmanuel (4), à l'effet d'obtenir qu'il approuvât, moyennant le paiement de cette moitié du droit, la possession des minières, qu'elle avait acquises de l'hoirie Didier par l'intermédiaire de Pierre Dumésier.

178. La demande de la Société Villat fut en effet accueillie par des lettres patentes du 25 janvier 1772 (5) dont il importe de rappeler le préambule.

(1) Sommaire, n° 12.

(2) Cette observation réduit à sa juste valeur l'objection des consorts Grange, fondée sur ce que le curateur de la discussion de Châteauneuf n'aurait pas revendiqué la propriété des mines d'Hurtières dans le procès de 1772.

(3) Sommaire, n°s 4 et 7.

(4) Ib., n°s 11 et 12.

(5) Mines, p. 20.

« Charles-Emmanuel, etc., etc., etc...

« Nous étant, ensuite de cette demande, fait rendre compte du procès intenté par notre procureur général, *non-seulement pour la réunion de la moitié du droit de seigneuriage des minières*, comme démembré de notre domaine sans cause légitime en faveur du possesseur du fief d'Hurtières, auquel appartient l'autre moitié, *mais aussi pour faire déclarer les droits de notre domaine sur la moitié de la propriété des mêmes minières* (1), nous avons considér éque la multitude des intervenants au procès ne peut qu'en retarder l'expédition et tenir en conséquence les acquéreurs des minières dans l'inaction, parce qu'il ne leur conviendrait pas d'entreprendre l'exploitation sous le risque de les devoir abandonner, au cas que, la moitié de la propriété d'icelles venant à être adjugée à notre patrimoine, ils dussent être dépossédés. »

‹ 179. Charles-Emmanuel permit donc à la Société Villat, c'est-à-dire aux possesseurs des minières du mandement des Hurtières *comprises*, comme il est dit dans les lettres patentes, *dans l'expédition faite en faveur de Pierre Dumésier*, par l'acte du 3 juillet 1758, « d'en entreprendre l'exploitation, malgré
« que ledit procès ne fût pas encore vidé, et de la continuer à
« l'avenir librement et paisiblement pour eux et leurs héri-
« tiers, successeurs et ayants-cause quelconques, quand même
« il viendrait à être décidé par l'arrêt qui serait rendu que la
« moitié de la propriété desdites minières appartenait au
« Royal patrimoine. »

180. Cette autorisation d'exploiter fut accordée à la Société Villat, à la condition :

1° de payer au Royal patrimoine la moitié du droit de seigneuriage ;

2° Dans le cas où la moitié de la propriété des mines serait adjugée au Royal patrimoine par l'arrêt à intervenir, de payer aux Royales finances la moitié de la somme de 90,000 livres, montant du prix de l'adjudication du 3 juillet 1758 ;

(1) Il faut croire que de nouvelles conclusions avaient été prises à ce sujet par le Procureur général.

Il résulte nettement de ce préambule que, si en général le droit de seigneuriage était la conséquence du droit de propriété, cependant, ainsi que nous l'avons dit au cours de ce travail, ces deux droits pouvaient ne pas être réunis dans la même main, et que légalement ils étaient distincts.

3° De ne pouvoir associer aucun étranger à son entreprise, sans la permission du Souverain.

181. Comme on le voit, ce que la Société Villat avait demandé et ce qu'elle avait obtenu, c'était simplement le droit d'exploiter à certaines conditions les minières comprises dans l'adjudication de 1758, c'est-à-dire le droit d'exploiter les 14 filons de l'hoirie Didier. Ce n'est donc pas sans un profond étonnement que nous avons lu ce qui suit à la page 5 de la note adressée par les héritiers Grange, qui représentent aujourd'hui la Société Villat, à S. E. M. le Ministre des travaux publics : « Le Procureur général, à dater de ce mo-« ment (découverte de la transaction de 1344), ne revendiqua « même plus pour le Royal patrimoine que la moitié de la pro-« priété des mines, reconnaissant implicitement le droit de « Didier et de ses ayants-cause sur l'autre moitié. Le curateur à « la discussion Castagnère n'élevait d'ailleurs sur cette pro-« priété aucune prétention. »

Il n'est pas possible de dénaturer plus complétement les faits.

182. Nous ne pouvons d'ailleurs nous empêcher de placer ici une autre observation.

Au point de vue de la propriété des mines d'Hurtières, d'une partie du moins de ces mines, la Société Villat, c'est Jacques Didier ; Jacques Didier, ce sont les paysans ; car ce n'est que relativement au droit de seigneuriage, que ce Jacques Didier, par suite de l'accensement du 21 janvier 1740, consenti à son profit par l'économe de la discussion Marquisio, pouvait se dire l'ayant-cause ou le représentant de la famille de Château-neuf.

Or, il fallait que les droits de ces paysans sur les fosses par eux cédées à Jacques Didier fussent bien fragiles, pour que leur représentant consentît à payer une seconde fois au Royal patrimoine la moitié de son prix d'acquisition.

183. Mais si, à cette époque, les droits de ces paysans étaient

ainsi reconnus par Jacques Didier inefficaces vis-à-vis du propriétaire prétendu de la moitié des mines d'Hurtières, comment ces droits auraient-ils pu avoir quelque efficacité vis-à-vis du propriétaire incontesté de l'autre moitié, c'est-à-dire vis-à-vis de la famille le de Châteauneuf ?

N'est-ce pas là une preuve nouvelle de cette précarité de la possession des paysans, précarité que nous n'avons cessé de signaler dans le cours de ce travail ?

184. Ces lettres patentes du 25 janvier 1772 furent suivies, un an après, le 25 janvier 1773, d'un arrêt de la Chambre des comptes, qui, terminant *en partie* le procès auquel la requête présentée par la Société Villat avait donné naissance, décida que la moitié du droit des minières appartenait au Royal patrimoine, et « assigna au reste les parties pour faire leurs « incombances au procès *sur l'article de la propriété des mines* « *susdites.* »

Nouvelle preuve que le droit de propriété ne se confondait pas avec le droit des minières.

§ 2.

### Du 25 janvier 1773 au 22 juin 1776.

Embarras de la Société Villat. — Sa détresse financière. — Elle s'adresse au roi Victor-Amédée. — Transaction du 8 juin 1776. — Elle investit la Société, non pas de la propriété des mines d'Hurtières, mais seulement du droit d'exploiter les 14 fosses provenant de l'hoirie Didier. — Équivoques et erreurs du Mémoire produit par les héritiers Grange.

185. *L'arrêt du 25 janvier 1773 n'ayant pas tranché la question de propriété des mines d'Hurtières,* la Société Villat se trouvait dans un assez grand embarras, puisque les lettres patentes du 25 janvier 1772 ne lui avaient accordé la permission d'exploiter les fosses provenant de Jacques Didier, qu'à la condition de payer aux Royales finances, indépendamment de la moitié du droit de seigneuriage, la moitié du prix de ses

acquisitions, dans le cas où il serait jugé que le Royal patri-moine était propriétaire de la moitié des mines.

Or, cette question de propriété n'avait pas été tranchée par l'arrêt de 1773, et cependant le Royal patrimoine poursuivait son paiement.

186. Une ordonnance de la Chambre des comptes du 5 fé-vrier 1774, en même temps qu'elle avait enjoint à la Société Villat de payer les droits de seigneuriage, avait commis un de ses membres, le maître auditeur Peyron, à l'effet de liquider la somme capitale, qui pouvait être due comme correspectif du droit de propriété.

Cette somme avait été liquidée à la somme de 29,088 livres, 18 sous, 7 deniers.

187. En cette même année 1774, les membres de la Société Villat avaient affermé aux chanoines d'Aiguebelle divers im-meubles pour y établir une fonderie (1). Il est à remarquer que, dans cet acte *d'albergement*, les membres de cette Société sont désignés sous le nom « *d'associés des minières* en cuivre *de* « *Saint-Georges d'Hurtières*. »

188. Cependant la Société Villat, soit qu'elle exploitât seu-lement des minerais de cuivre, soit qu'elle exploitât tout à la fois des minerais de fer et de cuivre, nous n'attachons aucune importance à cette distinction, la Société Villat, disons-nous, prétendant que la somme de 29,088 livres, ci-dessus fixée par le maître auditeur Peyron, ne devait pas être cumulée avec le droit de seigneuriage, qu'elle était d'ailleurs en droit et sur le point d'intenter l'action *quanti minoris* contre l'hôpital de Chambéry, pour ne lui avoir point dénoncé cette charge, et alléguant d'ailleurs le mauvais état de ses affaires (2), s'était adressée au nouveau Souverain, Victor-Amédée.

Elle déclarait dans sa supplique qu'elle avait jusqu'alors tra-vaillé à perte, à ce point qu'il lui faudrait abandonner l'exploi-

(1) Mines, p. 175.
(2) Ib., p. 194.

tation de ces minières, si elle était obligée de payer les droits de seigneuriage qui lui étaient réclamés.

Le roi Victor-Amédée la renvoya, le 31 mai 1776, devant le premier président de la royale Chambre des comptes (1), auquel il enjoignit de rédiger un acte de transaction avec l'intervention du Procureur général.

Cet acte fut effectivement rédigé le 8 juin 1776.

Il fut convenu :

1° Qu'au moyen de la présente transaction tous procèsseraient terminés entre les parties (2) ;

2° Que la Société paierait en douze ans une somme de 42,000 livres (3) ;

3° Que, sur cette somme, celle de 29,088 livres, arbitrée par le maître des comptes Peyron, serait appliquée en correspecti · vité de la propriété « des minières » (bien entendu celles provenant de l'hoirie Didier) ;

4° Que le reste serait appliqué aux droits de seigneuriage (4) ;

5° Que remise serait faite du surplus à la Société ;

6° Que la Société se réservait son action *quanti minoris* contre l'hôpital de Chambéry (5) ;

7° Que restitution lui serait faite des 29,088 livres stipulées en l'art. 3, *dans le cas où il serait jugé que la propriété des mines n'appartenait pas au Royal patrimoine ;*

8° Qu'une diminution fixée par la convention lui serait accordée sur le montant des droits de seigneuriage, tels qu'ils étaient fixés par les Royales Constitutions (6) ;

9° Qu'une diminution analogue serait accordée aux paysans qui *excavaient* des minéraux hors des fosses exploitées par la Compagnie ;

(1) Mines, p. 195.
(2) Ib., p. 30.
(3) Ib., p. 36.
(4) Ib., p. 38.
(5) Ib , p. 40.
(6) Ib., p. 42.

10° Que défense serait faite à toute personne (1) d'*extraire*, c'est-à-dire d'*exporter*, des minéraux hors du mandement d'Hurtières ; qu'au contraire, tous les particuliers (2) seraient tenus de les remettre à la Compagnie à juste prix ;

11° Qu'elle ne paierait aucun droit de seigneuriage pour les minerais de fer par elle excavés ; et qu'une diminution, égale à celle stipulée en l'article 9, serait accordée aux paysans qui excaveraient ces sortes de minerais pour les vendre à la Compagnie.

188. Ce contrat fut approuvé par des lettres patentes du 18 juin 1776 (3), lesquelles furent elles-mêmes entérinées, le 22 du même mois, par un décret de la Chambre des comptes (4).

189. A propos de ce contrat, comme aussi à propos des lettres patentes de 1772, les héritiers Grange s'expriment ainsi dans leur mémoire à S. Exc. M. le Ministre des travaux publics :

« Cette décision (celle du 25 janvier 1773), qui réglait définitivement la position de la Société à l'égard de la discussion Castagnère, ne tranchait pas le débat soulevé au nom du Royal patrimoine. Cependant, les termes de de ce débat avaient été simplifiés par des lettres patentes du 25 janvier 1772, aux termes desquelles le Souverain autorisait la Société Villat à faire l'exploitation des minières et à la continuer paisiblement et librement à l'avenir, en transportant toutefois sur le prix fixé par l'adjudication les droits que le Royal patrimoine pouvait avoir à la propriété des mines, et en cédant même dès à présent le droit de les exploiter à la Société Villat. La liquidation des droits que le Royal patrimoine se réservait sur le prix de l'adjudication Didier, ainsi que la fixation des droits de seigneuriage dus au Royal patrimoine se fit ensuite par une transaction du 8 juin 1776, approuvée par lettres patentes du 18 juin 1776, et sanctionnée par un manifeste de la Chambre des comptes du 1er septembre 1777.

« Par cette transaction, l'indemnité due au royal patrimoine fut fixée à la somme de 42,000 livres et le droit de seigneuriage réduit à moitié, à

(1) Sauf, bien entendu, le propriétaire.
(2) C'est-à-dire les paysans qui exploitaient.
(3) Mines, p. 48 et suiv.
(4) Ib., p. 60.

titre d'encouragement. De plus, la Société fut investie de tous les droits du Royal patrimoine, *non-seulement en ce qui touchait l'hoirie Didier, mais pour toutes les mines du mandement d'Hurtières*. Il fut en conséquence défendu à tous autres d'extraire des minéraux dans le territoire de ce mandement, à moins que les extracteurs n'obtinssent la permission de la Société et ne lui remissent les minerais moyennant un juste prix.

« Les lettres patentes de 1772 et la transaction de 1776 constituent le véritable titre de concession de la Société Villat et de ses ayants-droit. »

Que d'équivoques et que d'erreurs !

190. La décision du 25 janvier réglait définitivement, dit-on, la position de la Société à l'égard de la discussion Castagnère de Châteauneuf. Qu'est-ce à dire, et quel était donc l'objet du procès auquel la requête du 4 août 1759 avait donné naissance? Cet objet était sans doute de savoir à qui appartenait d'abord le droit de seigneuriage, et ensuite le droit de propriété sur les mines d'Hurtières ; mais entre qui ces droits étaient-ils contestés? Était-ce entre la famille de Châteauneuf et la Société Villat, qui ne se présentait (1) et ne pouvait se présenter que comme acquéreur des minières comprises dans l'hoirie Didier? Ou n'était-ce pas entre la famille de Châteauneuf et le Royal patrimoine?

191. Lorsque le Procureur général, à la suite de la découverte de la ran saction de 1344, consentit à réduire ses prétentions à la moitié du droit des minières, est-ce aux acquéreurs de l'hoirie Didier ou à la famille de Châteauneuf que cette réduction pouvait et devait profiter ?

Lors donc que, par son arrêt du 25 janvier 1773, la Chambre des comptes eut attribué au Royal patrimoine la moitié de ce droit des minières, et renvoyé les parties à faire leurs incombances relativement au droit de propriété, en quoi et comment cette décision pouvait-elle régler définitivement la position de la Société Villat à l'égard de la discussion Castagnère?

192. Les lettres patentes de 1772 autorisaient, dit-on, la Société Villat à faire l'exploitation des minières. De quelles mi-

(1) Sommaire, n° 18.

nières veut-on parler? Sont-ce seulement des minières provenues de l'hoirie Didier? On a raison.

Serait-ce par hasard de la généralité des mines d'Hurtières?
Cette pensée, qui est effectivement celle de l'auteur du Mémoire, trouverait une réfutation péremptoire dans le préambule même de ces lettres patentes (1), dans lequel on lit en
termes exprès que les postulants ont supplié le roi Charles-
Emmanuel d'approuver, moyennant le paiement de la moitié
du droit de seigneuriage, « la possession des minières du man-
« dement d'Hurtières. *acquises par les particuliers ayants-cause*
« *de Pierre Dumésier,* auquel, dépendamment des ordonnances
« rendues au procès de la discussion de ladite hoirie (celle de
« Jacques Didier), *ces minières* ont été expédiées comme au
« meilleur et dernier enchérisseur, par acte du 3 juillet 1758,
« pour le prix de 90,000 livres. »

Or, ce Pierre Dumésier n'était évidemment devenu adjudicataire, par cet acte du 3 juillet 1758, que des 14 fosses faisant partie de l'hoirie de Jacques Didier.

193. S'il est évident que ces 14 fosses ont seules été adjugées
à Pierre Dumésier, et si la Société Villat a demandé au Souverain d'approuver l'acquisition de ses minières, comme ayant-
cause de Pierre Dumésier, il est clair, que, par les lettres
patentes du 25 janvier 1772, le roi n'a entendu approuver et n'a
en effet approuvé que l'acquisition des 14 fosses provenues de
l'hoirie Didier.

194. La Société Villat fut, dit-on, investie par la transaction
du 8 juin 1776 de tous les droits du Royal patrimoine, non-seulement en ce qui touchait l'hoirie Didier, mais pour *toutes les*
*mines* du mandement des Hurtières.

Dans quel article, d'ailleurs, a-t-on vu cela? Est-ce que ces
droits, d'après le Royal patrimoine lui-même, s'étendaient
au delà de la propriété de *la moitié* des mines?

On n'en cite aucun, et pour cause.

(1) M., p. 20.

Seulement, pour justifier cette assertion, à défaut de stipulation expresse, on invoque un fait, c'est celui-ci : par la transaction de 1776 (art. 10), il aurait été défendu à tous autres qu'à
la Société d'extraire des minéraux dans le mandement d'Hurtières.

Si ces défenses, ce qui est inadmissible, eussent été dirigées
même contre le propriétaire incontesté de la moitié des mines,
et si elles eussent pu avoir pour résultat d'anéantir ce droit de
propriété, l'argument aurait quelque valeur.

Il en aurait encore, si le mot *extraire* était synonyme du mot
*exploiter*; mais si, comme cela est certain, incontestable, et
comme nous avons eu occasion de l'indiquer précédemment(1),

---

(1) N° 116. Extrait du sommaire n° 752. — Jacques Rey fit la réponse suivante :
« Que lui, ni son père, ni son ayeul, et bisayeul ayent jamais rien payé aux
« seigneurs du comté d'Hurtières, ni à leurs fermiers à l'occasion des *excava-*
« *tions* des mines, dont est fait état dans la requête susdite, mais cependant
« qu'il a ouï dire que l'on demandait autrefois les prétendus droits à ceux qui
« en faisaient l'*extraction*, mais non pas à ceux de l'*excavation*. »
Et plus loin, au n° 763 :
« En niant la prétendue possession alléguée du sieur demandeur qui n'a pas
« dû avancer que M. Rey ait avoué qu'on aye payé ledit prétendu droit pour
« l'extraction des minières, y étant seulement dit qu'il a ouï dire qu'on le de-
« mandait autrefois à ceux qui en faisaient l'*extraction*, c'est-à-dire à ceux qui
« le venaient acheter dans la paroisse pour les transporter ailleurs, et non pas
« à ceux de la paroisse qui en font l'*excavation*, qui travaillent, et font travail-
« ler aux dites minières. »
Ce qui prouve jusqu'à l'évidence que, dans l'art. 10 de la transaction du
8 juin 1776, le mot *extraire* est pris dans le sens d'*exporter*, et non dans celui
d'excaver, c'est là la teneur même de cet article :
« Comme à forme, est-il dit aux susdites Royales lettres patentes du 25 janvier 1772, la Société, par rapport aux minières du mandement d'Hurtières, est
investie des droits du Royal patrimoine (c'est là une erreur, puisque ces lettres
patentes avaient purement et simplement accordé à la Société le droit d'exploiter à certaines conditions les quatorze fosses de l'hoirie Didier), il sera défendu à qui que ce soit d'*extraire* dudit mandement les minéraux qui seront
*excavés* rière son territoire, et au contraire, les particuliers (lesquels, si ce ne sont
ceux qui excavent?) seront obligés de les remettre à la Société moyennant un
juste prix, à quelles fins la Chambre des comptes fera publier le manifeste à ce
requis avec des inhibitions pénales. »
Ajoutons que par l'art. 11 une diminution du droit de seigneuriage était stipulée à l'égard des minerais de fer, et que l'article disait que ce droit serait
réglé « sur le pied auquel il a été établi ci-dessus à l'art. 9, pour les minéraux

le mot *exploiter* a pour synonyme, non pas le mot *extraire*,
mais le mot *excaver*, si *extraire* du minerai du mandement
d'Hurtières veut dire simplement *exporter* du minerai hors de
ce mandement, que devient l'argument ?

195. Si, de l'aveu de l'auteur du Mémoire, les lettres patentes de 1772 et la transaction de 1776 constituent le véritable titre de concession de la Société Villat et de ses ayants-
droit, il est de la dernière évidence que cette Société ou ses
ayants-droit n'ont et ne peuvent avoir de droits que sur les
14 fosses qui faisaient partie de l'hoirie de Jacques Didier, et
qui avaient été adjugées à Pierre Dumésier le 3 juillet 1758.

## § 3.

### Du 22 Juin 1776 à 1792.

Manifeste de la Chambre des comptes du 1er septembre 1777. — Il n'a pour but que
d'empêcher l'exportation du minerai hors du mandement d'Hurtières. — Traité du 18 mai
1782 entre la Société Villat et le curateur du concordat Marquisio. — Il n'a trait qu'au
droit de seigneuriage. — Nouveau manifeste du 4 octobre 1788. — Tendances de la Société Villat à se prétendre propriétaire de la généralité des mines d'Hurtières. — Fragilité de ses prétentions. — Le manifeste de 1788 n'a pour but que de rendre efficace
celui de 1777.

196. Ainsi que nous l'avons vu, pour encourager et faciliter
l'exploitation des fonderies de la Société Villat, il avait été
convenu par l'art. 10 de la transaction du 8 juin 1776 que défense serait faite à qui que ce fût d'*extraire*, c'est-à-dire d'exporter du mandement des Hurtières des minéraux excavés
dans ce mandement, et il avait été prescrit que, pour rendre
cette défense efficace, la Chambre des comptes ferait publier

« de cuivre *excavés par des particuliers* hors des fosses travaillées par la Société
« et ensuite vendus à icelle. »

Si, comme il est naturel de le croire, ces passages ont frappé les yeux de
l'auteur du Mémoire en question, on s'explique difficilement la témérité de
son assertion.

un manifeste dont les effets seraient assurés par une sanction pénale.

Ce manifeste fut effectivement publié le 1ᵉʳ septembre 1777 (1).

197. Voici la teneur des deux principaux articles :

« 1° Il est défendu à toute personne, de quelque grade et condition qu'elle soit, sans aucune réserve ou exception d'*extraire*, tant par elle-même que par moyen intermédiaire quelconque, du mandement des Hurtières, les minerais qui seront *excavés* rière le territoire dudit mandement, sous la peine de 25 écus, et autres arbitraires de ce magistrat (2) ;

« 2° Toute personne qui retrouvera ou recueillera des minéraux dans l'enceinte dudit mandement, sera obligée, sous les mêmes peines, en cas de contravention, de les remettre à la Société ou à ses agents, moyennant un juste prix, lequel, en cas de contestation, sera équitablement arbitré par les juges locaux dudit mandement. »

198. Comme on le voit, le manifeste du 1ᵉʳ septembre 1777 n'a fait que confirmer et rendre efficace la stipulation contenue dans l'art 10 du traité du 8 juin 1776.

199. Nous avions lu dans certains écrits publiés sur la matière, et notamment dans l'écrit de M. Léon Brunier (p. 12, n° 38), que la Société Villat avait acheté par un acte du 18 mai 1782 la moitié du *droit des minières* appartenant à l'hoirie de Châteauneuf, et par ces mots *droit des minières* nous avions compris que l'on désignait le *droit de propriété*.

(1) Mines, p. 62 et suiv.

(2) A propos de l'art 1ᵉʳ de ce manifeste, l'annotateur de l'écrit intitulé : *Mines de l'ancien mandement des Hurtières*, fait une réflexion fort juste (p. 81) :

« Les mots *extraire* et *excaver* sont en présence dans l'art. 1ᵉʳ comme exprimant des choses différentes.

« Nous les traduisons ainsi : Il est défendu à toute personne de sortir (d'extraire) du mandement les minéraux qui seront exploités (excavés) rière le territoire dudit mandement.

« M. Grange les traduit ainsi : Il est défendu à toute personne d'exploiter (d'extraire) du mandement les minéraux qui seront exploités rière le territoire dudit mandement. » (Défendu et permis d'exploiter !)

Nos précédentes observations démontrent la justesse de cette remarque, qui prouve qu'à ce point de vue l'édifice laborieusement élevé par les héritiers Grange repose sur un véritable non-sens.

Cette affirmation nous avait d'autant plus étonné, que nous savions que l'acte du 18 mai 1782 avait été passé, non pas avec le curateur de la discussion de Châteauneuf, mais avec celui du concordat Marquisio, et que nous nous rappelions que Marquisio était, non pas propriétaire, mais simplement créancier gagiste, nanti à ce titre du fief d'Hurtières.

Mais la lecture de cet acte (1), dont il n'est même pas fait mention dans les écrits publiés dans l'intérêt des héritiers Grange, nous a bien vite démontré qu'il s'agissait purement et simplement d'une transaction passée entre la Société Villat et le curateur du concordat Marquisio, relativement à la moitié *des droits de seigneuriage,* que cette Société devait payer à raison de son exploitation.

Il n'y est pas dit un mot qui soit relatif à la propriété des mines : on en devine les raisons.

Cette question n'aurait pu se traiter qu'avec le propriétaire de ces mines ; et Marquisio ne l'était pas.

200. Voici, au surplus, le projet d'arrangement rédigé par l'avocat Revelli, choisi comme arbitre par les parties, projet qui est devenu la transaction acceptée par celles-ci (2) :

« Projet d'arrangement pour concilier la question du différend entre le seigneur curateur du concordat Marquisio conjointement avec le commenditaire Marchetti et les seigneurs associés pour l'exploitation des mines d'Urtières, à propos du droit de seigneurie soulevé par ledit concordat ; après avoir examiné l'ensemble des écritures de la question de droit que m'ont soumis les défendeurs et entendu d'abord leurs conclusions, nous avons imaginé que le meilleur expédient était de donner suite et de se baser sur le contrat du 8 juin 1776, fait entre le domaine royal, auquel appartient la moitié du droit de seigneurie desdites mines et les associés susdits.

« Il fut établi dans ledit contrat que les minéraux laissés par le concordat Didier avaient produit la somme de : livres.......... 7,125 »
L'extraction du 1er septembre 1758 au 31 juillet 1759..... 25,320 »

En tout.......... 32,445 »

(1) Pièce justificative 14.
(2) L'original, qui est en italien, a été traduit par un sieur Tellzen.

« En outre que, les minéraux extraits et raffinés du 30 avril 1775 exceptés, on avait, du 1er août 1759 au 28 février 1774, raffiné des minéraux, y compris ceux des particuliers pour livres..................................................... 71,190 »

Autres minéraux extraits des mines de la société du 11 janvier 1771 au 27 juin 1772................................ 406,860 »

Et enfin, du 27 juin 1772 au 30 avril 1776............ 39,690 »

Somme totale pour laquelle se trouvait intéressé le domaine royal L. 517,740, dont les droits de seigneurie sont de 34,516, et dont la moitié appartenant au domaine royal, soit L. 17,258, qui furent réduits à L. 12,311, L. 1, 5, ayant aussi trait à l'intérêt des L. 29,688, 18, 7, à laquelle somme il fut établi que s'élevaient les mines pour moitié de leur valeur.

« Il serait dû au concordat Marquisio une autre somme de L................................................. 17,258 »

à laquelle il faut ajouter en entier le droit seigneurial appliqué sur les deux premières parts, soit L.............. 2,163 »

Le total dû au concordat Marquisio, s'élevant à L....... 19,421 »

« C'est pourquoi nous proposons que ladite Société paye au concordat la somme de L. 14,500, payable en deux fois, savoir : 7,250 dans le courant de l'année prochaine, et les autres 7,250 dans le courant de l'année prochaine sans intérêts;

« 2° La susdite somme de L. 14,500 comprendra généralement tous les droits de seigneurie sur tous les minéraux raffinés jusqu'au 30 avril 1775;

« 3° Quant aux minéraux raffinés depuis le 1er mai 1775, ils paieront seulement la moitié du droit, dont un quart pour le concordat Marquisio, jusqu'à concurrence de 15,000 lingots, déclarant pour plus d'explication, qu'au-dessus de cette quantité, tous les minéraux extraits des mines de la Société paieront plein droit;

« 4° Les 15,000 susdits, puisque l'on n'a pas raffiné depuis le 1er mai 1775, se prendront sur la moitié des minerais extraits dans le cours d'avril passé, et sur l'autre moitié, il y aura droits entiers à payer et le surplus sur les autres minéraux, hormis ceux extraits depuis le 1er du mois courant;

« 5° Le droit de seigneurie dû sur les minéraux sera appliqué par moitié sur ceux appartenant aux particuliers, dont un quart pour le concordat Marquisio, sauf ceux depuis le 1er du mois courant;

« 6° Il faudra communiquer au concordat Marquisio les livres, notes et mémoires pour établir les comptes avec le domaine royal et ceux que cela intéresse;

« 7° Enfin, ils devront se procurer à peines et frais communs, du tribunal suprême, l'approbation du présent projet, que l'on obtiendra avec satisfaction réciproque, comme je l'espère, sauf qu'il est réservé au concordat Marquisio le droit d'attaquer celui de Didier, et avec l'obligation de préserver lesdits associés de tous désagréments qui pourraient leur être suscités par le concordat Castagnère à propos de la susdite somme.

« Turin, le 16 mai 1772.

« Signé : J.-M.-P. Revelli, arbitre. »

201. Comme on le voit, dans ce projet d'arrangement, projet qui est devenu la transaction du 18 mai 1782, il est uniquement question des droits de seigneuriage.

Dans la transaction faite avec le Royal patrimoine en 1776, ces droits, fixés à la somme de 17,258 livres, avaient été réduits à celle de 12,311 liv., 5 deniers. L'arbitre Revelli consent à une réduction analogue ; après quoi, il ajoute les droits de seigneuriage dus sur les minerais laissés par le concordat Didier et sur ceux extraits du 1er septembre 1758 au 31 juillet 1759, et il arrive à fixer la dette de la Société Villat à une somme ronde de 14,500 fr.

Si le curateur au concordat Marquisio avait entendu, ce qui eût été impossible, transiger, non-seulement sur le droit de seigneuriage, mais encore sur le droit de propriété, il n'eût sans doute pas consenti à ne se faire rien payer à raison de l'abandon d'un droit pour lequel le Royal patrimoine s'était fait promettre, dans la transaction de 1776, une somme 20,688 liv., 18 sous, 7 deniers.

202. Nous voici parvenus en 1782 ; dix années seulement nous séparent de l'époque à laquelle la Savoie étant devenue française, les mines situées dans son territoire vont se trouver régies par une législation nouvelle.

203. Dans cette période de temps, nous ne trouvons d'autre acte important à enregistrer qu'un nouveau manifeste de la Chambre des comptes du 4 octobre 1788 (1), qui renouvelle les prescriptions de celui du 1er septembre 1777, en y ajoutant quelques conditions plus dures pour les exploitants.

(1) Mines, p. 82 et suiv.

204. Il faut nous arrêter un instant et nous expliquer sur certaines expressions contenues dans cet acte, locutions qui pourraient prêter à l'équivoque.

205. Ce manifeste du 4 octobre 1788 avait été provoqué par une supplique adressée par la Société Villat à la Royale Chambre des comptes (1).

Après avoir rappelé l'acquisition de juillet 1758, les lettres patentes de 1772, l'arrêt du 25 janvier 1773, la transaction du 8 juin 1776, les auteurs de la supplique ajoutaient (2) :

« Il fut reconnu, par ce contrat (celui du 8 juin 1776), ainsi que par les lettres patentes qui portent l'approbation d'icelui, que les exposants sont investis, à forme des Royales lettres patentes du 25 janvier 1772, des droits du Royal patrimoine sur les *minières* du mandement d'Urtières. »

Ce sont, bien entendu, les membres de la Société Villat qui parlent ; car nous avons dit et redit, prouvé et reprouvé, que les lettres patentes de 1772 et le contrat de 1773 n'avaient investi cette Société que des droits encore incertains du Royal patrimoine sur la propriété des 14 fosses acquises par Pierre Dumésier.

204. « *Mais, ajoutent les suppliants, comme ils tolèrent* (c'est de la famille de Châteauneuf, et non de la Société Villat, que serait venue la tolérance), « *comme ils tolèrent que des paysans fouillent le terrain hors des fosses et* « *filons travaillés pour leur compte, en quoi ils trouvent même de l'avan-* « *tage,.....*

« *Il fut convenu.....* » (Suit la teneur des stipulations insérées au contrat du 8 juin 1776.)

Les auteurs de la supplique rappellent ensuite les dispositions du manifeste du 1er septembre 1777, puis ils ajoutent :

« Pour ne laisser aucun sujet de contestation sur leur droit relativement à la totalité des minières (3) du mandement des Hurtières, les expo-

(1) Mines, p. 82.
(2) Ib., 84.
(3) Il est vrai que c'est en arrière de la famille de Châteauneuf que la Société Villat a l'audace de se prétendre propriétaire de toutes ces mines. En présence et à l'encontre de cette famille, elle eût sans doute tenu un langage moins téméraire.

sants ont traité avec le curateur à la cause de discussion de l'hoirie Marquisio, engagiste de la terre des Hurtières, et *conséquemment* (la conséquence est un peu forcée) de la propriété (1) desdites minières pour la portion afférente à l'hoirie Castagnère, soit pour une moitié, du consentement et en l'assistance du commandeur Marchetti, principal intéressé dans ladite discussion Marquisio, comme il se voit par transaction du 18 mai 1782, homologuée de la part du Sénat du Piémont, par ordre sénatorial et lettres du 24 juillet 1783, l'on y a pris pour modèle la transaction de 1776, passée entre les exposants et le Royal domaine, et l'on y a notamment réduit à perpétuité la portion du seigneuriage afférente à l'hoirie Marquisio, en sa qualité d'engagiste de la portion des susdites minières appartenant à l'hoirie Castagnère, à la moitié de celui qui est fixé par les Royales Constitutions, en ce qui concerne cependant les minéraux que les exposants achèteront des particuliers seulement. »

La Société Villat propriétaire de la généralité des mines d'Hurtières au regard de la famille de Châteauneuf en vertu de l'acte du 17 mai 1782 ! C'est à n'y pas croire ! Mais continuons :

205. « *Il importe aux exposants*, continuent les rédacteurs de la supplique, *que personne ne puisse s'introduire dans l'exploitation des minières du* « *mandement des Hurtières contre leur gré et attentatoirement à leur droit de* « *propriété.* »

Leur droit de propriété, sur quoi ?

« *Cependant, le manifeste de 1777, qui paraissait devoir remplir le but, ne* « *paraît pas suffisant pour cet effet, parce qu'il se rencontre beaucoup de dif-* « *ficultés pour en procurer l'exécution et surprendre les contrevenants, surtout* « *depuis que l'établissement de la Société dite de Bonvillard facilite davan-* « *tage aux paysans le moyen de vendre à d'autres qu'aux recourants les miné-* « *raux dont l'excavation leur est* tolérée (!) *dans ledit mandement.* »

Il semblerait d'après le début de la supplique que la Société Villat va demander à la Chambre des comptes de reconnaître à son profit, en admettant que cela eût été possible, la propriété de la généralité des mines d'Hurtières. Mais ce dernier passage fait pressentir que le but de la supplique est moins ambitieux.

(1) Dans la transaction du 18 mai 1782, il n'est pas dit un mot du droit de propriété.

Les suppliants sollicitent en effet simplement « *un nouveau manifeste* (1),
« qui, en assurant l'exécution du précédent, leur procure la facilité de
« connaître les contraventions (quelles contraventions, si ce n'est celles
« qui consistaient à extraire, c'est-à-dire à exporter des minéraux hors du
« mandement d'Hurtières?), ce qui ne peut se faire qu'en obligeant tous
« ceux qui voudraient rechercher des minéraux dans le mandement dont
« il s'agit (il paraît que, de l'aveu même de la Société, elle n'avait pas seule
« le droit de les rechercher) à prendre préalablement l'agrément des ex-
« posants, lesquels, ayant derrière eux la note de ces particuliers, seront
« plus à même de veiller à ce qu'ils ne disposent pas à leur gré des miné-
« raux qu'ils auront excavés. »

206. Pour justifier sa demande, la Société invoquait sans
doute « son droit exclusif sur lesdites minières, » droit qui ne
lui « paraissait pas susceptible du plus léger doute; » elle invoquait bien aussi sa tolérance à l'égard des exploitants autres
qu'elle-même, mais c'étaient là évidemment des affirmations té-
méraires et des prétentions insoutenables.

Le Procureur-général, à qui cette requête fut communiquée,
commettait donc de son côté une erreur évidente, lorsque,
dans ses conclusions (2), il considérait cette demande comme
« une conséquence nécessaire du droit exclusif qui compétait
« à la Société sur les minières dans toute l'étendue du man-
« dement des Hurtières; » ou plutôt il commettait une équivoque regrettable. Car, si, par droit exclusif, il entendait le
droit attribué à la Société par les lettres patentes de 1772 et
par la transaction de s'approvisionner de minerais par préférence à tous autres dans l'étendue du mandement, il avait
raison; mais si, par ces mots, il entendait un droit général de
propriété, il avait absolument tort.

207. Au surplus et en définitive, la requête de la Société
Villat n'avait qu'un but : obtenir par des mesures plus sévères
l'exécution du manifeste de 1777, rendu en conformité de
l'art. 10 de la transaction du 8 juin 1776, lequel défendait aux
exploitants d'exporter des minéraux hors du mandement

(1) Mines, p. 90
(2) Ib., p. 92.

d'Hurtières, et le manifeste du 4 octobre 1788 (1), rendu en conformité de la demande de la Société, n'a eu pour objet que de donner satisfaction à cette demande.

Voici d'ailleurs le texte des deux articles importants de ce manifeste :

« 1° Il est défendu à qui que se soit, sous peine de 25 écus ou autre arbitraire à ce magistrat, de s'introduire, sous quelque prétexte que ce soit, dans les minières du mandement d'Urtières, pour y travailler des fosses et excaver du minéral, sans l'agrément par écrit de la part de la Société recourante ;

« 2° Tous ceux qui, munis du susdit agrément, excaveront ou autrement recueilleront des minéraux dans l'enceinte dudit mandement, ne pourront, sous la même peine, les en extraire directement ou indirectement, mais devront les remettre à la susdite Société, ou à ses agents et préposés, moyennant le paiement du juste prix, qui, en cas de contestation, sera fixé et arbitré par les juges locaux. »

208. A l'époque où nous sommes parvenus, il est très-vraisemblable que, profitant des réserves stipulées à son profit dans l'acte du 24 juillet 1715 relativement aux mines de fer, la famille de Châteauneuf avait, par elle-même et par ses agents, continué son exploitation. Une preuve que cette vraisemblance est la vérité, c'est que nous verrons dans quelques années, en 1811, cette famille tenter un projet de Société (2) avec les représentants de la Société Villat et ceux de plusieurs paysans, et faire apport dans cette Société du haut-fourneau qu'elle exploitait à Argentine. Si ce fourneau était alors en pleine exploitation, il l'était très-vraisemblablement en 1788.

209. Mais, alors même qu'on devrait admettre que la famille de Châteauneuf avait cessé d'exploiter les mines d'Hurtières à l'époque où nous sommes parvenus, on devrait encore décider que son inaction n'avait pas eu pour résultat de paralyser les droits généraux de propriété (3), qui découlaient pour elle notamment de l'acte des 22 février et 5 août 1687.

(1) Mines, p. 96.
(2) Ib., p. 108.
(3) Nous disons : les droits généraux de propriété. En effet, l'art. 11, tit. 6,

Nous en trouvons une preuve irréfragrable dans le dénoûment même du procès terminé par l'arrêt de la Chambre des comptes du 25 janvier 1773, arrêt qui, après avoir attribué au Royal patrimoine la moitié du droit de seigneuriage, et réservé l'autre moitié à la famille de Châteauneuf, ou à son ayant-cause, le banquier Marquisio, avait renvoyé les parties à faire leurs incombances au sujet du droit de propriété. Si l'inaction de la famille de Châteauneuf eût été une cause de déchéance de ses droits de propriété, la question aurait pu être immédiatement tranchée.

Maintenant, à côté de ce droit de propriété, nous rencontrons des faits de possession, c'est-à-dire les exploitations de la Société Villat, qui s'était fait investir par le domaine, en vertu de la transaction du 8 juin 1776, de ses droits éventuels de propriété sur les 14 fosses acquises de l'hoirie de Jacques Didier, et les paysans qui, par suite de la tolérance, non pas de la Société Villat, mais de la famille de Châteauneuf, continuaient, moyennant le paiement des droits de seigneuriage, les exploitations auxquelles ils avaient pris l'habitude de se livrer, mais il est manifeste que le fait ne peut pas absorber le droit.

210. Pour en finir avec cette époque, il ne nous reste plus qu'à mentionner pour mémoire une ordonnance de l'intendant général de Chambéry du 5 mars 1792, portant injonction à la Société Villat, désignée sous le nom de Compagnie d'Hurtières, de produire à l'intendance un état des minéraux sortis de ses fourneaux ou existant dans ses magasins.

Cette production était réclamée pour la perception des droits de seigneuriage.

211. La Savoie ayant été une première fois annexée à la France en 1792, les mines se sont trouvées régies, à partir de cette époque, et jusqu'en 1810, par la loi du 12 juillet 1791.

liv. 6 des constitutions de 1723 et de 1770 ne prononçait de déchéance, pour discontinuation de l'exploitation pendant deux mois, qu'à l'égard d'une minière dont on avait commencé l'exploitation. Encore cette déchéance n'avait-t-elle pour résultat que d'accorder à la Chambre des comptes la faculté de permettre à un tiers de continuer l'exploitation, dans le cas où l'exploitant antérieur ne justifierait pas d'une cause légitime d'empêchement.

# CHAPITRE QUATRIÈME.

---

## 1ʳᵉ SECTION.

## § 1.

### EXAMEN DE LA LÉGISLATION.

Il est inutile d'examiner si la loi de 1791 a conservé aux mines leur caractère domanial. — Dispositions de cette loi relatives aux mines non découvertes et à celles déjà découvertes et exploitées. — Dispositions relatives aux mines de fer. — Injonctions de l'arrêté du 6 nivôse an 6, en cas de cession de droits sur les mines. — Les lois abolitives de la féodalité deviennent applicables en Savoie.

212. L'art. 1ᵉʳ de la loi du 12 juillet 1791 avait, comme on le sait, déclaré que les mines étaient à la disposition de la nation, en ce sens seulement que ces substances ne pourraient être exploitées que de son consentement et sous sa surveillance, et à la charge en outre d'indemniser les propriétaires de la surface, quand ils n'exploitaient pas.

Il nous paraît inutile de rechercher si, comme le soutenait Mirabeau dans la discussion de cette loi, en dépit de cette déclaration, qu'elles étaient à la disposition de la nation, les mines étaient destinées à perdre à l'avenir leur caractère domanial, ou si, comme l'enseigne Merlin (Question de droit, vᵒ, Mines), bien que les comités de l'Assemblée Constituante n'aient pas proposé à cette assemblée de déduire cette conséquence de leur doctrine, ils ne sont pas arrivés au même but par l'effet même de cette déclaration.

L'examen de cette question, qui offre d'ailleurs un intérêt plutôt doctrinal que pratique, nous semble d'autant plus inutile, que presque tous, sinon tous, les filons des mines d'Hurtières exploités aujourd'hui l'étaient déjà à cette époque, et que nous devons nous préoccuper des effets de la loi de 1791 plutôt au point de vue du passé qu'au point de vue de l'avenir.

212. Ce qu'il importe de rappeler à propos de la loi de 1791, c'est que cette loi contenait des dispositions distinctes, suivant qu'il s'agissait de mines non encore découvertes, ou qu'il s'agissait de mines déjà découvertes et exploitées au moment de sa promulgation.

213. La loi de 1791 comprenait d'ailleurs deux titres : le premier applicable aux mines en général, le second spécial aux mines de fer.

214. Aux termes de l'art. 1er du tit. 1, les mines non découvertes au moment de la promulgation de la loi, ne pouvaient être exploitées sans l'autorisation du gouvernement, et qu'à la charge d'indemniser les propriétaires de la surface, auxquels d'ailleurs un droit de jouissance était réservé sur celles de ces mines qui pouvaient être exploitées, ou à tranchée ouverte, ou avec fosse et lumière jusqu'à cent pieds de profondeur.

D'après une disposition analogue à celle de l'art. 6 des Royales Constitutions, le propriétaire de la surface devait toujours avoir la préférence et la liberté d'exploiter les mines qui se trouvaient dans son fonds, et la permission ne pouvait lui être refusée, quand il la demandait (art. 4), pourvu toutefois que sa propriété seule, ou réunie à celle de ses associés, fût d'une étendue propre à former une exploitation (art. 10). A défaut du propriétaire, la concession pouvait être accordée à un tiers (Ib.).

Tout concessionaire devait, à peine de déchéance, commencer son exploitation dans un délai de six mois (art. 14), et ne pas discontinuer ses travaux pendant plus d'une année (art. 15).

L'étendue d'aucune concession ne pouvait excéder six lieues carrées (art. 6); sa durée ne pouvait dépasser cinquante années (art. 4); mais elle pouvait être prorogée par nouvelles périodes de 50 années (art. 7).

215. Quant aux mines découvertes et exploitées avant la promulgation de la loi, voici les dispositions de la loi qui leur étaient applicables.

« Art. 4. Les concessionnaires actuels ou leurs cessionnaires qui ont découvert les mines qu'ils exploitent, seront maintenus jusqu'au terme de leur concession, qui ne pourra excéder cinquante années, à compter du jour de la publication du présent décret. En conséquence, les propriétaires de la surface, sous prétexte d'aucune des dispositions contenues aux articles 1, 2 et 3, ne pourront troubler les concessionnaires actuels dans la jouissance des concessions, lesquelles subsisteront dans toute leur étendue, si elles n'excèdent pas celle qui est fixée par l'article suivant (six lieues carrées); et, dans le cas où elles excéderaient cette étendue, elles y seront réduites.... »

« Art. 6. Les concessionnaires, dont la concession a eu pour objet des mines découvertes et exploitées par des propriétaires, seront déchus de leur concession, à moins qu'il n'y ait eu, de la part desdits propriétaires, consentement libre, légal et par écrit, formellement confirmatif de la concession ; sans quoi lesdites mines retourneront aux propriétaires qui les exploitaient avant lesdites concessions, à la charge par ces derniers de rembourser, de gré à gré ou à dire d'experts, aux concessionnaires actuels, la valeur des ouvrages ou travaux dont ils profiteront.... »

« Art. 26. Seront tenus les anciens concessionnaires maintenus, et ceux qui obtiendront à l'avenir des permissions, savoir : les premiers dans les six mois, pour tout délai, à compter du jour de la publication du présent décret, et les derniers dans les trois premiers mois de l'année qui suivra celle où leur exploitation aura commencé, de remettre aux archives de leurs départements respectifs un état double détaillé et certifié véritable, contenant la désignation des lieux où sont situées les mines qu'ils font exploiter, la nature de la mine, le nombre d'ouvriers qu'ils emploient à l'exploitation, les quantités de matières extraites,... et de continuer à faire ladite remise avant le 1er décembre de chaque année.... »

216. Indépendamment de ces dispositions applicables aux mines en général, la loi de 1791 en contenait d'applicables spécialement aux mines de fer. Voici les plus importantes :

« Art. 1. Le droit accordé aux propriétaires par l'art. 1ᵉʳ du titre I du présent décret d'exploiter, à tranchée ouverte ou avec fosse et lumière, jusqu'à 100 pieds de profondeur, les mines qui se trouveront dans l'étendue de leurs propriétés, devant être subordonné à l'utilité générale, ne pourra s'exercer, pour les mines de fer, que sous les modifications suivantes :

« Art. 2. Il ne pourra, à l'avenir, être établi aucune usine pour la fonte des minerais, qu'en suite d'une permission qui sera accordée par le Corps-Législatif....

« Art. 6. La permission d'établir une usine emportera avec elle le droit d'en faire des recherches...., sauf dans les lieux exceptés par l'art. 22 du titre I, ainsi que dans les champs et héritages ensemencés ou couverts de fruits.

« Art. 9. Lorsque le maître de forges aura besoin, pour le service de ses usines, des minerais qu'il aura reconnus précédemment, il en préviendra les propriétaires, qui, dans le délai d'un mois à compter du jour de la notification pour les terres incultes ou en jachère, et dans le même délai à compter du jour de la récolte pour celles qui seront ensemencées ou disposées à l'être dans l'année, seront tenus de faire eux-mêmes l'extraction.

« Art. 10. Si, après l'expiration de ce délai, les propriétaires ne font pas l'extraction dudit minerai, ou s'ils l'interrompent ou ne la suivent pas avec l'activité qu'elle exige, les maîtres d'usines se feront autoriser à y faire procéder eux-mêmes....

« Art. 19. Les maîtres de forges actuellement existants seront tenus de se conformer, à compter du jour de la publication du présent décret, à toutes ses dispositions en ce qui les concerne.

« Art. 20. Dans le cas où les propriétaires voudraient continuer les fouilles ou extractions des usines de fer qui s'exploitent avec fosse et lumière jusqu'à 100 pieds de profondeur déjà commencées par les maîtres de forges, ils seront tenus de rembourser à ces derniers les dépenses qu'ils justifieront légalement avoir faites pour parvenir auxdites extractions. »

217. Nous rappellerons, comme complément à cette loi du 12 juillet 1791, que par un arrêté du 3 nivôse an VI (23 décembre 1797), le directoire exécutif ordonna que nuls transports, cessions, ventes ou actes translatifs de l'exercice des droits accordés par les concessions ou permissions d'exploiter des mines métalliques, et d'établir des usines, n'auraient leur effet qu'à la charge par les nouveaux ayants-droit de se faire

connaître à l'administration, et à la charge d'obtenir du Gouvernement l'autorisation de continuer l'exploitation.

218. Nous ajouterons qu'en même temps que, par le fait de l'annexion, la loi de 1791 devenait applicable en Savoie, les lois abolitives de la féodalité ( décrets des 4 août 1789, 15 mars 1790, 18 juin 1792) y devenaient également et en même temps applicables.

§ 2.

### INFLUENCE DE LA LOI DE 1791 SUR LES FAITS ACCOMPLIS.

Elle n'a pu détruire les droits de propriété de la famille de Châteauneuf sur les mines d'Hurtières. — Application du principe de la non-rétroactivité des lois. — Elle a maintenu transitoirement les paysans dans la faculté d'exploiter les filons par eux découverts, mais ne leur a conféré aucun droit sur la généralité des mines. — La situation de la Société Villat est absolument la même que celle des paysans.

219. Nous devons examiner l'influence de la loi de 1791 1° sur la famille de Châteauneuf, 2° sur les exploitants, 3° sur la Société Villat.

La loi de 1791 n'a pu avoir pour effet, ni de modifier, ni d'anéantir les droits généraux de propriété que la famille de Châteauneuf avait acquis et conservés sur les mines d'Hurtières, en vertu de l'acte des 22 février et 5 août 1687.

On n'ignore pas, en effet, comment la Savoie fut une première fois annexée à la France. Ce fut le 28 septembre 1792, que le général Montesquiou fit son entrée triomphante à Chambéry, « à la grande satisfaction des habitants, dit l'historien de la révolution française (1), qui aimaient la liberté en « vrais enfants des montagnes et la France comme des hommes « qui parlent la même langue, ont les mêmes mœurs, et ap- « partiennent au même bassin. » Aussitôt après cette entrée, il forma, continue le même historien, « une assemblée de Sa-

(1) M. Thiers, 4ᵉ édit. T. III, p. 200.

« voisiens, pour y faire délibérer sur une question qui ne pou-
« vait pas être douteuse, celle de la réunion à la France. »

Ainsi donc, si ce fut par le droit de la guerre que le représentant de la France fit son entrée dans la capitale de la Savoie, il est vrai de dire que ce fut par le consentement et la
volonté des représentants de la Savoie que cette province
fut une première fois réunie à la France.

Or, il est de règle, en cas de réunion d'un pays à un autre,
que, sauf convention contraire, les habitants du pays annexé
continuent de jouir, après l'annexion, des droits acquis dont
ils jouissaient avant l'annexion.

Ce principe, qui ne peut souffrir difficulté, a récemment encore été consacré par la cour de cassation, sur notre plaidoirie,
à propos de la question relative à l'efficacité des jugements
rendus par les tribunaux français contre des Savoisiens antérieurement à l'annexion. « Attendu, a dit la cour de cassation
dans son arrêt du 7 juillet 1862 (aff. Ginet et Jacquier c. Voin-
drot, D. P 62. 1. 355), que le décret impérial des 11-12
« juin 1860, portant promulgation du traité relatif à la réunion
« de la Savoie à la France, n'a pas d'effet rétroactif; que le
« changement de souveraineté qui s'est accompli par ce traité
« n'a porté aucune atteinte aux droits privés antérieurement
« acquis. »

On peut donc affirmer hardiment qu'après la première
annexion de la Savoie à la France, la famille de Châteauneuf a
conservé ses droits de propriété sur les mines d'Hurtières.

220. Peu importe que dans son art. 4, la loi de 1791 suppose
que les exploitants antérieurs à sa promulgation, au profit desquels elle maintenait et confirmait le droit d'exploitation,
avaient obtenu des concessions. Les expressions dont s'est
servi le législateur français sont la conséquence de la situation que les lois antérieures, et notamment les édits des
15 janvier 1741, 14 janvier 1744, 19 mars 1783 et 29 septembre 1786 (1), avaient faite aux exploitants des mines. Tous

(1) Dalloz, Rep. Vᵒ Mines, nᵒ 12.

ces exploitants ne pouvant exploiter légalement qu'en vertu d'une concession, on comprend que la loi de 1791 ne se soit expliquée qu'à l'égard de ceux qui, antérieurement à sa promulgation, étaient pourvus d'une concession; mais il est évident qu'elle n'avait pu ni prévoir, ni régler une situation exceptionnelle, comme celle de la famille de Châteauneuf, situation qui n'eût peut-être pas trouvé son pendant dans toute l'étendue du territoire français.

221. Nous devons ajouter, pour en finir avec la famille de Châteauneuf, que, de par l'acte de 1687, cette famille avait acquis, non-seulement les mines, mais encore le territoire du fief d'Hurtières, et que cette loi de 1791, qui avait, comme on l'a vu, reconnu au propriétaire de la surface sur les mines situées dans son fonds les droits que nous avons indiqués, a eu pour résultat nécessaire de consolider, en tant que de besoin, les droits de cette famille, au moins sur la partie des mines situées au-dessous de la surface, dont elle avait conservé le domaine *utile*.

222. Nous disons le domaine *utile;* car, pour les parties du territoire sur lesquelles cette famille n'avait conservé que le domaine *direct* (1), c'est-à-dire celles dont elle avait aliéné la possession moyennant le paiement d'une redevance seigneuriale, on doit reconnaître qu'en vertu des lois françaises abolitives de la féodalité, les possesseurs de la surface du sol en sont devenus propriétaires, et que par suite ce sont eux qui auraient dû jouir, en vertu de la loi de 1791, des droits attribués par cette loi aux propriétaires de la surface sur les mines situées dans leurs fonds, si le principe de la non-rétroactivité des lois n'avait pas eu pour effet de conserver à la famille de Châteauneuf ses droits de propriété sur la généralité des mines comprises dans l'ancien fief d'Hurtières.

223. Relativement aux paysans qui exploitaient, comme

---

(1) Voir, sur la distinction du domaine direct et du domaine utile sous le régime féodal, le Répertoire de M. Dalloz, Vᵒ Propriété féodale, nᵒˢ 254 et suiv.

nous l'avons vu, moyennant le paiement d'un droit de seigneuriage, en vertu, sinon d'un contrat exprès, au moins d'un contrat tacite, on pourrait soutenir, dans leur intérêt, que l'art. 4
de la loi de 1791 leur était applicable; qu'exploitant certains
filons par suite de la permission au moins tacite du seigneur
du fief, cette permission équivalait à une sorte de concession; qu'ils étaient presque des concessionnaires dans le sens
de la loi de 1791; on pourrait invoquer implicitement en
leur faveur un arrêt de la Cour de cassation du 1er pluviôse
an IX (1) (Godard et Défrise contre époux Hecquet), et un
arrêté du Ministre de l'intérieur du 18 nivôse de la même
année (2) (aff. des mines de Carmeaux); l'on pourrait ajouter
qu'ils avaient acquis le droit de continuer cette exploitation
sans payer de redevance, à partir du jour où la loi du 17 juillet 1793 était devenue exécutoire en Savoie, le droit de seigneuriage ayant à cette époque un caractère féodal et seigneurial,
ainsi que l'a jugé la Cour de cassation par deux arrêts des
16 ventôse an XII (3) et 23 vendémiaire an XIII (4), à propos
du droit d'*entre-cens*, que les seigneurs hauts justiciers du Hainaut percevaient sur les exploitations des mines comprises
dans leur seigneurie.

224. Toutefois, à l'égard des paysans, nous terminerons par
une double observation : la première, c'est que la situation
qui leur a été faite par la loi de 1791, a été essentiellement
transitoire; et la seconde c'est que, si cette loi a pu les maintenir transitoirement dans la faculté d'exploiter les fosses par
eux découvertes et exploitées antérieurement à sa promulgation, elle n'a pas pu avoir pour résultat de les investir d'un
droit général d'exploitation sur les mines d'Hurtières, au mépris des droits de la famille de Châteauneuf.

(1) Notes relatives à la suppression des exploitants, par M. Léon Brunier,
p. 71.
(2) Ib., p 73.
(3) Merlin, Questions de droit, V° Mines § 1er, p. 459.
(4) Id. Répertoire, V° Entre-cens.

225. Relativement à la Société Villat, la loi de 1791 a eu pour résultat de rendre sa situation parfaitement identique à celle des paysans.

226. En effet, l'origine de cette situation était, comme on l'a vu, absolument la même, puisque son ayant-cause, Jacques Didier, tenait ses droits de paysans qui lui avaient vendu les fosses exploitées ou découvertes par eux. Ses droits, comme ceux des paysans, ne portaient que sur un certain nombre de fosses, les quatorze fosses comprises dans l'hoirie de Jacques Didier. Quant à sa transaction, soit avec le Royal patrimoine, soit avec le curateur du concordat Marquisio, relativement au droit de seigneuriage, elle devint sans objet à partir de la loi du 17 juillet 1793.

227. Quant à la cession des droits de propriété qui lui avait été faite par le Royal patrimoine, et qui n'avait pu lui être faite que sur les quatorze fosses de l'hoirie Didier par la transaction du 8 juin 1776, cette cession ne portait que sur des droits essentiellement éventuels, essentiellement litigieux, sur des droits réservés par l'arrêt de 1773, droits auxquels l'acte de 1687 donnait un éclatant démenti.

Le Royal patrimoine n'avait vendu ni pu vendre ses droits de propriété, que dans le cas où il aurait été reconnu propriétaire. Or, cette question, laissée en suspens depuis 1773, n'avait pas encore été tranchée en 1792. D'ailleurs, cette cession avait été faite moyennant le paiement de 29,688 livres : or, rien ne prouve que cette somme eût été payée au Royal patrimoine avant 1792, et rien ne prouve non plus qu'elle ait été payée ultérieurement, soit au gouvernement français, soit au gouvernement sarde.

## 2<sup>me</sup> SECTION.

### EXAMEN DES FAITS ACCOMPLIS SOUS L'EMPIRE DE LA LOI DU 12 JUILLET 1791.

#### De 1792 au mois d'avril 1810.

Vente par la Société Villat à Louis Grange de ses droits sur les quatorze fosses. — Singularité de l'acte du 2 mars 1802. — Irrégularité de cette vente; inobservation des formalités prescrites par l'arrêté du directoire du 3 nivôse an VI. — Louis Grange devient un exploitant sans concession.

228. Sous l'empire de la loi de 1791, nous ne trouvons à enregistrer qu'un acte intéressant, c'est celui du 2 mars 1802 (1), portant vente par la Société Villat au sieur Louis Grange de certains biens et de certains immeubles énoncés dans ledit acte reçu par maître Dardel, notaire à Chambéry.

Quels sont les droits et les biens qui ont été vendus par la Société, en vertu de cet acte? C'est ce qu'il importe de préciser avec soin.

229. Notons d'abord que les parties venderesses prennent dans cet acte la qualité, « d'associés aux minières de Saint-
« George d'Hurtières, et d'héritiers immédiats et médiats des
« autres associés décédés postérieurement à la Société qui fut
« entre eux contractée le 27 juillet 1758 (2). »

Aux termes de ce même acte, les vendeurs déclarent qu'ils
« ont vendu, cédé, remis et transporté, comme par le présent
« acte, ils vendent, cèdent et abandonnent, purement, simpe-
« lement et irrévocablement, au citoyen Louis, fils de feu
« Vincent Grange, natif de cette ville, domicilié à Randens,
« ici présent, et acceptant pour lui et les siens, tous les biens,

(1) Mines, p. 102.
(2) Ib., p. 104.

8

« droits, noms, raisons et actions appartenant à ladite Société,
« et qui en dépendent pour l'exploitation des minières, en
« quoi que le tout consiste et puisse consister, sans aucune
« exception ni réserve, pour les posséder et en jouir par ledit
« acquéreur, de la même manière qu'en ont joui et pu jouir
« lesdits associés.

« Ledit acquéreur déclare être parfaitement instruit de la
« nature, consistance et qualité des biens et droits vendus, de
« même que de la situation des immeubles qui y sont compris,
« pour avoir administré le tout comme régisseur de ladite
« Société depuis 10 années environ. » Suit la nomenclature
des immeubles situés *sur la commune de Randens*, mais non sur
sur celle de Saint-Georges, la simple mention des biens et bâtiments affermés à la Compagnie par les ci-devant chanoines
de la collégiale de Sainte-Catherine d'Aiguebelle, et des droits
que Grange, en qualité de régisseur, avait acquis en dernier
lieu de la nation pour le compte de la Compagnie.

Il est à remarquer que cette vente est faite au sieur Grange
« *sans aucune manutention et garantie* quant aux droits et
« créances cédés. »

230. Lorsqu'on examine l'acte du 2 mars 1802 (11 ventôse,
an X), on ne peut se défendre d'un sentiment de surprise.

Tandis que l'acte énumère avec soin tous les immeubles situés sur le territoire de la commune de Randens, et qui font
partie de la vente, il ne contient à l'égard des mines vendues
qu'une simple mention vague, générale et sans précision.
La Société déclare simplement à cet égard vendre les droits
qui lui appartiennent pour l'exploitation de ces mines, et
l'acquéreur se borne à déclarer qu'il est, en sa qualité de
régisseur, parfaitement instruit de la nature de ses droits.

Quels sont ces droits? Sont-ce ceux que la Société tenait de
l'adjudication du 3 juillet 1758? Sont-ce ceux qu'elle avait
essayé de revendiquer dans les diverses requêtes par elle pré-
sentées à l'autorité administrative avant l'annexion de la Savoie
à la France? Le contrat de 1802 garde, sur tous ces points, un

silence discret et une prudente réserve : la Société vend sans garantie, et le sieur Grange achète à ses risques et périls, chat en poche, comme en dit vulgairement.

231. Ajoutez que, d'après un calcul fait par l'annotateur de l'écrit sur les mines d'Hurtières (p. 107), le prix de la vente afférent à ces mines serait de 22,644 livres 40 seulement! Or les 14 fosses de l'hoirie Didier, estimées 34,700 livres dans le procès-verbal dressé par les experts Cash et Chiffel (*supra*, n° 152 et 153) avaient été adjugées moyennant 90,000 livres (*supra* n° 154)!

Cependant les représentants du sieur Grange élèvent la prétention d'avoir acquis moyennant ces 22,644 livres, non-seulement les 14 fosses provenues de l'hoirie Didier, mais encore la généralité des mines d'Hurtières. Est-ce soutenable ?

232. Au surplus, l'acquisition ainsi faite par le sieur Louis Grange le 2 mars 1802, était frappée d'une nullité radicale.

En effet, en exposant la législation de 1791, nous avons rappelé qu'un arrêté du directoire exécutif du 3 nivôse, an VI, avait ordonné que nuls transports, cessions, ventes ou autres actes translatifs de droits accordés par les concessions ou permissions pour l'exploitation des mines et usines, ne pourraient être faits sans l'approbation du gouvernement.

Or, les représentants du sieur Grange n'ont jamais prétendu que la vente du 2 mars 1802 ait été soumise à l'approbation du gouvernement, au moment où elle a eu lieu. Il est donc incontestable que les droits de la Société Villat sur les 14 filons provenant de l'hoirie Didier, les seuls qui pussent faire l'objet de la vente, n'ont pas été régulièrement transmis au sieur Louis Grange, et que le titre sur lequel ses représentants fondent aujourd'hui leurs prétentions, est, à son origine même, infecté d'un vice radical.

A partir de ce moment, le sieur Louis Grange s'est trouvé placé sous le coup des dispositions de l'art. 3 de l'arrêté de l'an VI, lequel article est ainsi conçu : « Faute par les cession-« naires de s'être pourvus dans le délai fixé par l'article pré-

« cédent (six mois), *ils seront considérés comme exploitant sans* « *concession et permission,* » c'est-à dire que sa possesion a été essentiellement précaire et même délictueuse.

233. Ces observations démontrent le peu de valeur et l'étrangeté de l'articulation produite par les héritiers Grange dans leur Note au Ministre (p. 7) :

« La Société Villat ne fit et n'avait aucune démarche à faire « pour se faire constituer une concession nouvelle. En effet, le « périmètre de sa *concession* (?), c'est-à-dire le mandement « des Hurtières (que penser du *c'est-à-dire?*), ne mesurait que « 54 kilomètres carrés et non 120 kilomètres, maximum fixé « par la loi de 1791.

« La Société transmit ses droits (lesquels?) le 11 ventôse, « an X (2 mars 1802), à M. Louis Grange, grand-père des ex- « ploitants, qui dirigeait depuis longtemps l'exploitation; » ajoutons : et qui par conséquent devait savoir que la Société Villat ne pouvait avoir de droits que sur les 14 fosses provenant de l'hoirie Didier ; ajoutons encore : et qui, par ce motif sans doute, a jugé plus habile et plus prudent de ne pas demander d'explications à ses vendeurs lors de la vente de l'an X.

# CHAPITRE CINQUIÈME.

---

## 1<sup>re</sup> SECTION.

## § 1.

### EXAMEN DE LA LÉGISLATION.

Caractère de la propriété minière sous l'empire de la loi de 1810. — Formalités imposées
aux exploitants, qui n'avaient pas exécuté la loi de 1791, pour faire régulariser leur position. — Décret du 3 janvier et circulaire ministérielle du 17 février 1813. — Leurs
prescriptions ne sont point sanctionnées par une déchéance.

234. On sait que la loi du 21 avril 1810, sans trancher doc-
trinalement la question de savoir si les mines sont une propriété domaniale, ou si elles sont la propriété de celui à qui
appartient la surface sous laquelle elles sont cachées (1), en a
voulu faire une propriété *sui generis,* à laquelle, d'ailleurs,
toutes les définitions du code Napoléon pourraient s'appliquer.

Il fut déclaré, par l'art. 5, que les mines ne pourraient être
exploitées qu'en vertu d'un acte de concession, délibéré en
conseil d'État, lequel devrait régler les droits des propriétaires
de la surface sur le produit des mines concédées (art. 6).

(1) Voir l'exposé des motifs fait par M. Regnault de Saint-Jean-d'Angely au
Corps législatif dans la séance du 18 avril 1810 (Dalloz. Rep. V° Mines, p. 621
et suiv.).

A la différence du résultat produit par la loi de 1791, laquelle, comme on l'a vu, n'investissait le concessionnaire que d'un droit de jouissance temporaire, ne pouvant excéder cinquante années, l'acte de concession eut pour résultat, sous l'empire de la loi nouvelle, de donner au concessionnaire la propriété perpétuelle de la mine (art. 7), laquelle devint, dès lors, disponible et transmissible comme tous autres biens, et dont le propriétaire ne put être exproprié que dans les cas et selon les formes prescrites pour les autres propriétés.

234. Il est inutile d'examiner toutes les formalités auxquelles la loi de 1810 a soumis la recherche et la découverte des mines, non plus que les règles qui doivent être suivies pour l'obtention et l'octroi des concessions, attendu que les faits que nous devons apprécier sont tous antérieurs à cette loi; mais ce qui doit attirer notre attention, ce sont les dispositions du titre VI, lequel est intitulé : « Des concessions ou jouissances des mines antérieures à la présente loi. »

235. Le titre VI se compose de deux paragraphes : le premier, qui s'occupe des anciennes concessions en général; le second, qui s'occupe des exploitations pour lesquelles on n'avait pas exécuté la loi de 1791.

236. A l'égard des concessions antérieures, c'est-à-dire à l'égard de ceux qui, antérieurement à la loi de 1810, avaient un titre régulier, il fut déclaré (art. 51) qu'ils deviendraient, du jour de la publication de la loi nouvelle, propriétaires incommutables des mines faisant l'objet de leurs concessions, à la charge seulement d'exécuter les conventions faites avec le propriétaire de la surface, et de payer les contributions établies par les art. 33 et 34 (1), à partir de l'année 1811 (art. 52).

235. A l'égard des exploitants (la loi ne se sert plus du mot

(1) La redevance fixe annuelle était de 10 fr. par kilomètre carré. La redevance proportionnelle consistait en une contribution annuelle, réglée chaque année, comme les autres contributions publiques, calculée sur les produits de la mine, mais ne pouvant excéder 5 0/0 du produit net.

concessionnaires), à l'égard des exploitants de mines qui n'avaient pas exécuté la loi de 1791, et qui n'avaient pas fait fixer, conformément à cette loi (art. 4, 5 et 26), les limites de leurs concessions, la loi déclara qu'ils obtiendraient les concessions de leurs exploitations actuelles, conformément à la loi nouvelle (art. 53) ; à l'effet de quoi les limites de leurs concessions seraient fixées sur leurs demandes ou à la diligence des préfets, à la charge seulement d'exécuter les conventions faites avec les propriétaires de la surface, et sans que ceux-ci pussent se prévaloir des art. 6 et 42 de la loi nouvelle (1).

Il fut enfin déclaré (art. 55) qu'en cas d'usages locaux ou d'anciennes lois qui donneraient lieu à la décision de cas extraordinaires, les cas qui se présenteraient seraient décidés par les actes de concessions ou par les jugements des tribunaux, selon les droits résultant, pour les parties, d'usages établis, de prescriptions légalement acquises, ou de conventions.

236. Nous rappellerons, comme corollaire à la loi de 1810, le décret du 3 janvier 1813, dont l'art. 1er enjoignit aux exploitants de mines qui avaient le droit d'obtenir, en conformité de cette loi, les concessions de leurs exploitations actuelles, d'en former la demande dans le délai d'un an, et une circulaire du 17 février suivant, qui déclara ce décret applicable à toutes les mines de fer en filons, couches ou amas, comme aux mines d'alluvion, exploitées par puits ou galeries.

Il faut, toutefois, remarquer que ce décret n'a point sanctionné par la déchéance les obligations qu'il imposait aux exploitants.

(1) 6. Cet acte (l'acte de concession) règle les droits des propriétaires de la surface sur le produit des mines concédées.

42. Le droit attribué par l'art. 6 de la présente loi aux propriétaires de la surface sera réglé à une somme déterminé par l'acte de concession.

## § 2.

### INFLUENCE DE LOI DE 1810 SUR LES FAITS ACCOMPLIS.

Ce qu'auraient dû faire les paysans et la famille de Châteauneuf et ce qu'ils n'ont pas fait. — Leur inaction n'est point une cause de déchéance. — Situation de Louis Grange.

238. Il est bien certain que, si les paysans, qui avaient continué à exploiter des fosses, avaient voulu se mettre en règle, rien n'eût été plus facile pour eux que d'invoquer le bénéfice de l'art. 53 de la loi de 1810, et de tâcher, en se mettant à l'abri de cet article, d'obtenir une concession.

Cette concession obtenue, ils auraient sans doute été tenus de payer à l'État les redevances fixées par les art. 33, 34 et 52 de la loi ; mais, pour se soustraire au payement du droit de seigneuriage, ils auraient pu invoquer le bénéfice de l'art. 41, qui, tout en maintenant les redevances dues à titre de rentes, avait déclaré que ces redevances étaient maintenues, sans dérogation à l'application des lois qui avaient supprimé les droits féodaux.

Mais les paysans ne se mirent point en peine des prescriptions de la loi de 1810, et continuèrent simplement leurs exploitations comme par le passé.

239. Il en fut de même de la famille de Châteauneuf, qui d'ailleurs, se croyait en règle. Toutefois, comme nous l'avons indiqué, en rappelant les prescriptions du décret du 3 janvier 1813, cette commune inobservation des formalités prescrites par la loi de 1810 et par ce décret n'a fait encourir aucune déchéance à ces deux classes d'exploitants.

240. Quant au sieur Grange, ses représentants, dans leur Note au Ministre (p. 7), se placent à l'abri de l'art. 51 de la loi de 1810, ce qui donnerait à entendre qu'ils le considèrent comme un de ces concessionnaires antérieurs dont parle cet

article, et qui sont devenus propriétaires incommutables sans aucune formalité.

C'est là une erreur profonde. Non-seulement M. Grange, ainsi que nous l'avons établi, n'avait pas de concession régulière, même pour les 14 fosses acquises de l'hoirie Didier, il n'avait sur ces 14 fosses que les droits des paysans, ou les droits éventuels de propriété du domaine; mais sa position était même légalement moins bonne que celle des paysans, puisque par suite de l'infraction par lui commise aux prescriptions de l'arrêté du 3 nivôse an VI, lors de la vente du 2 mars 1802, il était considéré comme exploitant sans concession ni permission.

Au surplus, le sieur Louis Grange avait si bien compris l'irrégularité de sa situation, qu'il se hâta de faire, auprès de l'administration française, certaines démarches, dont nous devons préciser le caractère et la portée.

## 2° SECTION.

### EXAMEN DES FAITS ACCOMPLIS SOUS L'EMPIRE DE LA LOI DU 21 AVRIL 1810.

#### Du mois d'avril 1810 au mois de juin 1814.

Projet de Société entre MM. Grange, Portier, de Châteauneuf et Balmain.—Démarches faites par M. Grange auprès du gouvernement français pour obtenir une concession ; il agit dans l'intérêt de la Société. — Requête du mois d'août ; ses affirmations erronées. — M. Grange y reconnaît les droits de la famille de Châteauneuf. — Pétition des habitants de Saint-Georges. — Avis du directeur de l'École pratique des Mines du département du Mont-Blanc et du directeur général des Mines. — Arrêté du conseil de préfecture de Mont-Blanc du 28 janvier 1812 sur une question de taxe. — Avis de l'ingénieur des Mines. — Arrêté préfectoral du 31 mars 1812. — La Savoie est séparée de la France.

241. Un peu plus d'un an après la promulgation de la loi de 1810, le 23 juin 1811, un acte intéressant à rappeler était signé à Randens, dans le domicile d'une dame veuve Cordel (1).

(1) Mines, p. 108.

Ce jour-là, quatre propriétaires ou exploitants de hauts-fourneaux, MM. Castagnère, de Châteauneuf propriétaire du haut-fourneau d'Argentine, Jacques-François Portier, propriétaire du haut-fourneau de Sainte-Hellène-des-Millières, Joseph-Antoine Balmain, exploitant le haut-fourneau d'Epierre, et Louis Grange, propriétaire du haut-fourneau de Randens, étaient réunis dans la maison sus-indiquée, et, en présence du notaire Brunier, déclaraient s'associer « pour de-« mander en concession et maintenue d'exploiter la mine de « fer de Saint-Georges d'Hurtières. »

Cette Société était formée à la charge par les parties de contribuer chacune pour un quart dans les dépenses et frais à faire tant pour cette demande que pour l'exploitation de la mine.

Il était déclaré du reste que la mine de cuivre, que le sieur Grange annonçait lui appartenir, n'était pas comprise dans l'association.

242. Ainsi que l'observe justement l'annotateur de l'écrit relatif aux mines d'Hurtières (1), si M. Grange s'était considéré comme seul propriétaire des mines, il ne se serait pas associé sans correspectif les autres propriétaires de hauts-fourneaux, pour en obtenir la concession.

Remarquons ensuite qu'en demandant une concession, M. Grange reconnaissait par cela même qu'il n'en avait pas, ou qu'il était déchu; sans cela, il aurait été maintenu de plein droit par l'art. 51 de la loi de 1810, et il n'aurait pas eu besoin d'une nouvelle concession.

243. Une fois l'acte de Société signé, M. Louis Grange s'occupa de faire des démarches auprès du gouvernement français pour obtenir la concession, non pas dans son intérêt personnel, mais dans celui de la Société.

Au mois d'août 1811, une requête fut par lui adressée à cet effet au préfet de la Savoie; nous en produisons un original écrit de la main de M. Louis Grange lui-même (2).

(1) Mines, p. 109.
(2) Pièce justificative 15.

**244.** Inutile de relever toutes les erreurs contenues dans l'exposé qui sert de préambule à cette requête ; inutile de rappeler comment, dénaturant et travestissant les faits, M. Louis Grange se déclare abusivement concessionnaire des minières de Saint-Georges d'Hurtières (il l'était si peu qu'il sollicitait une concession) ; comment il déclare encore, contre toute vérité, que la Société dite des minières d'Hurtières avait, en vertu des actes des 3 et 28 juillet 1758, acquis la totalité des mines en toute propriété ; que par la transaction du 8 juin 1776 il avait été reconnu que cette Société était investie de tous les droits du Royal patrimoine sur la généralité de ces mines ; comment, équivoquant sur le sens du mot *extraire,* il essaie de faire découler des termes employés dans les manifestes des 1er septembre 1777 et 4 octobre 1788 la reconnaissance des prétendus droits de propriété de cette Société ; comment il affirme mensongèrement que dans l'acte du 18 mai 1782, la Société avait traité de la propriété de ces mines avec le curateur à la discussion Marquisio ; comment il ose affirmer que depuis cette époque cette Société avait joui paisiblement de la totalité de ces mines ; inutile enfin de rappeler comment, lui qui ne pouvait pas avoir plus de droits que les paysans d'Hurtières, lui qui, depuis la vente de 1802, en avait peut être encore moins, a l'imprudence d'avancer que ces paysans exploitaient ces mines abusivement et sans titre, sans se douter que cette assertion se retournait en plein contre lui–même.

**245.** Mais ce qu'il importe de retenir, c'est que dans cette requête, le sieur Louis Grange, après avoir rappelé l'acquisition par lui faite le 11 ventôse, an X, et omis bien entendu de rappeler sa désobéissance à l'arrêté du 3 nivôse, an VI, déclare « qu'il a jugé à propos *pour le bien public* (!) de s'adjoindre « (par l'acte du 23 juin 1811), pour l'exploitation de la mine « de fer, le sieur Joseph Antoine de Castagnère, *ancien con-* « *cessionnaiaire desdites mines* et propriétaire du haut-four- « neau d'Argentine,... Jacques-François Portier, propriétaire

« des usine et haut-fourneau de Sainte-Hélène, et Joseph-
« Antoine Balmain, exploitant du haut-fourneau d'Epierre. »

Ce qu'il importe encore de retenir, c'est que, dans une autre
partie de cette requête, le même Louis Grange s'exprime de la
façon suivante :

« Il (le soussigné) a l'espoir que l'association qu'il a faite avec les trois
maîtres de forges seuls exploitant la mine de fer (M. Grange ne l'exploitait
donc pas seul, comme il le donnait à entendre au début de sa requête) d'a-
près la loi de 1791 qui les tolérait, et particulièrement de *M. Castagnère,
dont les ancêtres étaient propriétaires et seigneurs des minières des Urtières,*
qui ont vraisemblablement, dès un temps immémorial, enrichi le pays de cette
branche de commerce et d'industrie, et *dont les ouvertures de presque toutes
les fosses ont été faites par ses ayeux, de l'aveu même des habitants exploitants,*
détruirait toute réclamation en indemnité de la part de ces derniers,
puisque ce ne fut que pendant le désordre d'une longue discussion introduite dans la famille que les habitants de Saint-Georges se sont introduits
illicitement dans plusieurs fosses. »

C'est dans cette situation que M. Louis Grange demandait « à être confirmé et maintenu seul dans sa concession de
« mine de cuivre, et confirmé et maintenu *avec les cy dessus*
« *nommés* (c'est-à-dire de Châteauneuf, Portier et Balmain)
« dans la concession de la mine de fer. »

Toutefois, par des motifs d'économie, il demandait que la
concession, qui aurait pu comprendre les trois communes de
Saint-Georges, de Saint-Alban et de Saint-Pierre de Belleville, c'est-à-dire environ 54 kilomètres carrés, fût réduite à
1 kilomètre 516 millième carré, conformément aux indications
du plan annexé.

246. Comme on le voit, ce n'était pas en son nom seul, mais
aussi au nom de MM. de Châteauneuf, Portier et Balmain, que le
sieur Grange demandait la concession de la mine de fer. Comment dès lors ses représentants ont-ils pu, dans leur Note au
Ministre (p. 8), avancer qu'après avoir projeté avec des tiers
une association qui ne se réalisa pas, M. Louis Grange avait
formé, le 22 août 1811, une demande en confirmation de concession *en son nom seul ?*

*En son nom seul !* Cela est écrit en toutes lettres dans la Note adressée à S. E., tandis que le contraire est écrit en toutes lettres dans la pétition du 21 août 1811!

247. Comme on le voit aussi, et ceci est de la plus haute importance au point de vue des représentants de la famille de Châteauneuf, le sieur Louis Grange, et nous pouvons ajouter MM. Portier et Balmain n'hésitaient pas à reconnaître en la personne des membres de cette famille les anciens propriétaires des mines d'Hurtières, et ils jugeaient utile de se servir des droits de cette famille comme d'un piédestal solide, pour appuyer leur demande en concession.

*Mais si, de l'aveu de M. Louis Grange, de M. Portier et de M. Balmain, la famille de Châteauneuf a été, à une certaine époque, propriétaire de la généralité des mines d'Hurtières, quand et comment, à l'époque où cet aveu était fait, cette famille avait-elle donc perdu ses droits de propriété?*

248. En même temps que M. Louis Grange, tant en son nom personnel qu'au nom des associés que, pour le bien public (c'est, bien entendu, M. Grange qui dit cela), il s'était adjoints par l'acte du 23 juin 1811, poursuivait ses démarches auprès de l'administration, les habitants de Saint-Georges, agissant non pas *ut singuli*, mais *ut universi*, demandaient de leur côté la permission d'extraire de la mine de fer dans cette commune comme par le passé.

Le 11 septembre 1181 (1), le directeur de l'école pratique des mines du département du Mont-Blanc renvoya le dossier de l'affaire au préfet de ce département, et déclara que la demande des habitants de la commune de Saint-Georges lui paraissait inadmissible dans l'état actuel des choses.

249. La lettre d'envoi de ce directeur était accompagnée d'observations (2), dont le début constitue une erreur flagrante.

Cette erreur, qui avait sans doute été causée par la nature des productions faites par le sieur Louis Grange, consistait à

(1) Mines, p. 110.
(2) Ib., p. 112.

dire qu'avant 1758, les mines du mandement des Hurtières étaient déjà *concédées* et exploitées par Jacques Didier ; qu'après son décès, la concession (celle de toutes les mines) en avait passé à la Société Villat, et qu'enfin le sieur Louis Grange s'était rendu acquéreur de toutes ces mines par l'acte du 11 ventôse, an X.

Sur tous ces points, nous savons à quoi nous en tenir.

250. Après avoir débuté par ces erreurs de fait si profitables aux prétentions de M. Louis Grange, le directeur de l'école des mines rappelait l'inobservation des formalités prescrites par l'arrêté de l'an VI, d'où la conséquence, suivant lui, que l'administration des mines avait le droit de reprendre possession des mines d'Hurtières au nom du Gouvernement.

Toutefois, comme la conséquence pouvait paraître rigoureuse, le directeur de l'école des mines proposait qu'avant de prendre un parti, on attendît que les autorités supérieures eussent prononcé sur la validité ou l'invalidité des titres produits par le sieur Grange. Il ajoutait que ce serait seulement lorsqu'il aurait été prononcé sur l'admission de la demande faite par ledit sieur Grange, que l'on pourrait émettre une opinion sur la Société formée par l'acte du 23 juin.

251. Le dossier ayant été transmis au directeur général des mines, ce fonctionnaire, dans une lettre du 16 octobre suivant (1), émit l'opinion que M. Louis Grange n'avait pas encouru de déchéance pour n'avoir pas observé les prescriptions de l'arrêté de l'an VI, et déclara que rien ne s'opposait à ce que l'ingénieur des mines, qui devait être consulté, émît une opinion sur le fond de l'affaire.

252. Pour établir que M. Louis Grange était bien réellement investi à cette époque d'un droit de propriété sur la généralité des mines d'Hurtières, ses héritiers rappellent dans leur Note au Ministre (p. 8) que leur aïeul figurait seul sur le rôle d'exploitation pour une concession égale à l'étendue de l'ancien

(1) Mines, p. 118.

mandement des Hurtières, et qu'il payait seul en cette qualité une redevance proportionnelle à cette étendue. Ils ajoutent que, leur aïeul ayant réclamé contre cette taxe, et demandé à en être déchargé, jusqu'à ce que le périmètre de sa concession eût été fixé par le Gouvernement, sa réclamation et sa demande furent rejetées le 28 janvier 1812, par un arrêté du Conseil de préfecture du département du Mont-Blanc (1).

253. Si le fait qu'un individu est imposé à raison d'un immeuble, était une preuve que cet individu est propriétaire de cet immeuble, nous comprendrions la portée de cette observation; mais il n'en est rien. L'inscription au cadastre est une simple présomption, mais non pas une preuve de propriété.

Dans l'espèce, l'inscription du sieur Louis Grange sur le rôle d'exploitation pour les mines comprises dans l'ancien mandement des Hurtières, était la conséquence des prétentions qu'il affichait si pompeusement, et des erreurs qu'il avait si habilement accréditées.

C'était le cas de lui répondre ce que le Conseil de préfecture du Mont-Blanc lui avait implicitement répondu dans son arrêté : *Patere legem quam ipse fecisti.*

Mais cette loi n'était pas le droit : elle ne pouvait ni le faire naître, ni le consacrer.

254. Cependant le dossier de la demande en concession avait été transmis à l'ingénieur des mines du département du Mont-Blanc.

Dans un rapport par lui déposé le 5 février 1812 (2), ce fonctionnaire émettait l'avis qu'il y avait lieu :

1° De réduire la concession des mines, suivant la demande *du sieur Grange et Cie;*

2° De confirmer, en faveur du sieur Grange seul, la concession de l'exploitation de la mine de cuivre, existant dans les terrains communaux de Saint-Georges;

(1) Mines, p. 120.
(2) Ib., p. 127.

3ª De confirmer, en faveur *dudit Grange et de ses associés de Châteauneuf, Portier et Balmain,* la concession de l'exploitation des mines de fer de Saint-Georges d'Hurtières.

Quant à la demande des particuliers tendant à être autorisés à exploiter les filons de mines de fer existant sur leurs propriétés respectives, ce fonctionnaire estimait qu'elle devait être rejetée, ajoutant qu'ils ne pouvaient même élever de prétentions sur aucune mine comprise dans les limites de l'ancienne concession de Saint-Georges d'Hurtières, jusqu'à ce que le Gouvernement eût prononcé sur les prétentions respectives de l'École pratique des mines et du sieur Grange à l'exploitation exclusive des mines de Saint-Georges.

255. Les conclusions de ce rapport furent adoptées par M. le préfet du département du Mont-Blanc, qui, dans un arrêté du 31 mars suivant (1), émit l'avis qu'il y avait lieu par le Gouvernement :

1° De décider que les mines de cuivre et de fer, existant dans la commune de Saint-Georges d'Hurtières, n'étaient point comprises dans la réserve attribuée à l'École pratique des mines du département du Mont-Blanc, comme concédées;

2° De confirmer, en faveur du sieur Louis Grange seul, la concession de la mine de cuivre existant dans la commune de Saint-Georges d'Hurtières, et en faveur de *MM. Grange, de Châteauneuf, Portier et Balmain, associés,* la concession des mines de fer existant dans la même commune, en réduisant l'étendue de ces concessions à 1 kilomètre 51 centimètres;

3° De confirmer ces concessions, sous la réserve des droits des autres particuliers prétendant à l'exploitation de parties des terrains compris dans l'étendue des concessions, et dont ceux-ci pourraient justifier.

256. Il est inutile de rappeler que dans le préambule de cet arrêté, on retrouve, relativement à l'appréciation des droits du

_____
(1) Mines, p. 124.

sieur Louis Grange, les mêmes erreurs (1) que nous avons déjà signalées dans les observations de l'ingénieur en chef du département. Dans l'espèce, du reste, ces erreurs avaient d'autant moins d'importance, que la mine de fer devait être concédée, non pas à M. Grange seul, mais à lui et à ses associés de Châteauneuf, Portier et Balmain ; ce qui n'empêche pas ses représentants actuels, dans leur Note au Ministre (p. 8), de donner à entendre que l'arrêté préfectoral du 31 mars 1812 ne devait profiter qu'à leur aïeul.

257. Les choses étaient en cet état lorsque, par suite des événements de 1814, la Savoie fut séparée de la France.

Les mines se trouvèrent, par suite, régies de nouveau par les Royales Constitutions de 1770.

(1) Cependant, M. le préfet n'était pas aussi affirmatif que M. l'ingénieur : « Cons., dit-il dans son arrêté, quant à la confirmation de concession demandée par le sieur Grange, que les pièces par lui produites, *paraissent* établir « l'existence de la concession en faveur de la Société Villat, et successivement « en faveur dudit Grange, comme ayant acquis les droits de la Société, et ayant « été mis en ses lieu et place. »

# CHAPITRE SIXIÈME.

———

**Du mois de juin 1814 au 18 octobre 1822.**

Les parties sont remises au même état qu'avant 1792. — Rien d'important à signaler.

258. La séparation de la Savoie de la France eut pour résultat, au point de vue qui nous occupe, de remettre les parties au même et semblable état qu'avant 1792.

Si, pendant le laps de temps écoulé depuis cette époque, on peut soutenir qu'aucune d'elles n'a encouru de déchéance à raison des droits dont elle pouvait se trouver investie, on doit reconnaître aussi qu'aucune d'elles n'a acquis, ni la jouissance, ni l'exercice d'un nouveau droit.

Aucun événement important ne s'étant d'ailleurs accompli, tant que les mines se sont trouvées régies de nouveau par la Royale Constitution de 1770, nous arrivons immédiatement à l'époque où une loi nouvelle leur est devenue applicable.

# CHAPITRE SEPTIÈME.

ÉTUDE DE LA QUESTION SOUS L'EMPIRE DES ROYALES PATENTES
DU 18 OCTOBRE 1822.

---

## 1ʳᵉ SECTION.

### § 1.

#### EXAMEN DE LA LÉGISLATION.

Dispositions des lettres patentes de 1822 relativement aux nouvelles exploitations. — Situation faite à celles en activité au moment de leur promulgation. — Dispositions des lettres patentes du 10 septembre 1824 relativement aux usines. — Les déchéances prononcées par ces lettres patentes sont purement comminatoires.

259. Les dispositions des Royales patentes du 18 octobre 1822, qui doivent principalement fixer notre attention, sont celles qui ont réglementé la situation de ceux qui exploitaient des mines au moment de leur promulgation; car les exploitations, dont il s'agit aujourd'hui de régler le sort, sont toutes antérieures à ces patentes.

260. A l'égard des dispositions générales contenues dans lesdites lettres patentes, nous nous bornerons à rappeler qu'à l'exemple des Royales Constitutions de 1723 et de 1770, elles permirent à toutes personnes de faire des recherches pour la découverte des mines (art. 2), mais qu'à la différence de ces constitutions, elles ne permirent à personne d'entreprendre de travail à cet effet, ni de s'introduire dans les fonds d'autrui,

sans avoir obtenu la permission du propriétaire de la surface (*Ib.*).

La résistance de ce dernier pouvait cependant être levée par voie administrative (art. 3).

261. Voilà pour le droit de recherche ; quant au droit d'exploitation, l'art. 8 déclarait que nul ne pourrait fouiller, ni exploiter une mine métallique, sans en avoir obtenu la permission, sous peine de confiscation du minerai extrait, et d'une amende de 500 à 1,000 livres.

A l'exemple des Constitutions de 1723 et de 1770, la loi nouvelle accordait un droit de préférence pour l'exploitation aux Royales finances (art. 12), et si les Royales finances usaient de ce droit, elles devaient payer une récompense à l'inventeur. A défaut des Royales finances, le droit de préférence existait au profit de la personne qui était investie du droit des mines, et, à son défaut, au possesseur du fonds, toujours moyennant récompense à l'inventeur (art. 14).

La concession était, d'ailleurs, accordée par la Chambre des comptes aux conditions et pour le temps qui convenait au Gouvernement, et moyennant le paiement, soit aux Royales finances, soit aux personnes investies du droit des mines (art. 13), du droit de seigneuriage fixé par l'art. 21 (1).

262. La condition de ceux qui exploitaient au moment de la promulgation de ces lettres patentes, était ainsi réglée par l'art. 23 :

« Art. 23. Tous ceux qui exploitent actuellement quelque « mine devront, dans les six mois de la publication des pré- « sentes, justifier, devant le Magistrat de notre Chambre des « comptes, des titres en vertu desquels ils font ladite exploita- « tion, et présenter, outre l'essai du minéral qui s'en extrait, « un plan régulier de l'état actuel de ladite mine ; à défaut de « quoi, sur la demande de notre Procureur général, ils seront « déclarés déchus de tout droit sur icelle.

(1) 4 0/0 de l'or ou de l'argent, 2 0/0 de tout autre métal à proportion du minerai affiné sortant des fonderies.

« Ils devront de même se conformer aux dispositions des
« présentes, sauf qu'il ait été autrement réglé par leur acte de
« concession. »

263. Des lettres patentes du 18 octobre 1822 nous rappro-
chons immédiatement celles du 10 septembre 1824, relatives
aux fonderies, usines et verreries.

Aux termes de l'art. 1er, il fut défendu à quiconque d'établir
des verreries, fonderies, fourneaux, forges et autres usines
sans la permission du Secrétaire d'État de l'intérieur.

Quant aux personnes qui étaient en possession et exercice
d'établissements de l'espèce indiquée dans cet article, injonction leur fut faite, à peine de déchéance (art. 9), d'en faire la
déclaration dans un délai de six mois, et de présenter leurs
patentes, actes et titres relatifs, afin d'obtenir l'autorisation de
continuer à l'exercer.

Constatons, d'ailleurs, que cette déchéance, pas plus que
celle édictée par l'art. 23 des Royales patentes de 1822, ne fut
jamais rigoureusement appliquée : elles avaient un caractère
simplement comminatoire, et, en fait, il est certain qu'aucune
déchéance n'a été administrativement prononcée contre aucun
des exploitants actuels.


## § 2.


### INFLUENCE DES LETTRES PATENTES DE 1822 SUR LES FAITS ACCOMPLIS.

Elles entendent maintenir les droits acquis au moment de leur promulgation.


264. Comme on vient de le voir, à la différence de la loi
française de 1810, l'art. 13 des Royales patentes de 1822 ne
reconnaissait pas aux exploitants un véritable droit de propriété sur les mines ; il se bornait à reconnaître à leur profit un

droit d'exploitation, dont le Souverain se réservait de détermiñer les conditions et la durée.

Le caractère de ce droit fut maintenu par le Code civil de 1837, dont l'art. 432 se borna à déclarer que l'exercice des droits sur les mines, et les concessions qui pouvaient en être faites, étaient réglés par des lois particulières.

265. Il est d'ailleurs évident que l'art. 13 des patentes de 1822 n'a entendu et n'a pu statuer que pour l'avenir, et que l'art. 23 des mêmes patentes, appliquant le principe de la non-rétroactivité des lois, a entendu respecter et maintenir les droits acquis au moment de la promulgation de ces patentes.

## 2ᵐᵒ SECTION.

### EXAMEN DES FAITS ACCOMPLIS SOUS L'EMPIRE DES ROYALES PATENTES DE 1822.

#### Du 18 octobre 1822 au 30 juin 1840.

Inaction de la famille de Châteauneuf et des paysans d'Hurtières. — Démarches du sieur Louis Grange. — Sa requête à la Chambre des comptes. — Conclusions du Procureur général. — Ses erreurs. — Conséquence de la situation faite par l'administration au sieur Grange. — Les autres exploitants continuent leurs exploitations. — Acte du 11 février 1833 passé entre divers exploitants devant le vice-intendant de la province de Maurienne.

266. Ni la famille de Châteauneuf, ni les paysans d'Hurtières ou leurs représentants, ne se mirent en peine de se conformer aux prescriptions de l'art. 23 des Royales patentes de 1822.

Mais, ainsi que nous l'avons vu, il n'en saurait résulter contre eux aucune déchéance ; aucune, d'ailleurs, ne fut prononcée contre eux par l'autorité compétente.

267. Plus soucieux de ses intérêts, le sieur Louis Grange, agissant cette fois dans son intérêt exclusif, par suite de l'avor-

tement de la Société projetée en 1811, se pourvut devant la Chambre des comptes, produisit les titres sur lesquels il fondait ses prétentions, et en vertu desquels il exploitait, non pas toutes, mais une partie seulement des mines comprises dans le mandement des Hurtières, et demanda que le droit de seigneuriage, par lui dû aux Royales finances, fût réduit à la moitié du tarif établi par l'art. 21 des Royales patentes.

268. Cette demande fut soumise au Procureur général, qui adressa à cette occasion, le 17 mai 1824, une lettre au premier Secrétaire d'État de l'intérieur (1).

Ce magistrat constate, dans cette lettre, qu'entre autres titres le sieur Louis Grange avait produit l'acte du 11 ventôse an X, celui en vertu duquel il avait acquis de la Société Villat les droits de cette Société sur les mines d'Hurtières. Il constate encore que le sieur Grange avait produit la transaction du 8 juin 1776, celle par suite de laquelle le Royal patrimoine avait transmis à la Société Villat les droits éventuels de propriété qu'il pouvait avoir, non pas sur la moitié de ces mines, mais seulement, ainsi que nous l'avons établi précédemment (2), sur les quatorze fosses provenues de l'hoirie Jacques Didier, déclarant, par suite d'une double erreur, que nous savons avoir été accréditée au profit du sieur Grange et par ses soins, que, par cette transaction, le Royal patrimoine avait aliéné la moitié (3) de ses droits de propriété au profit de la Société Villat, déjà propriétaire de l'autre moitié (!!).

Dans cette situation, le Procureur général n'hésitait pas à conclure à ce que le sieur Grange fût maintenu dans le droit qu'il possédait d'exploiter lesdites minières, en vertu de l'acte intervenu entre lui et la Société d'Hurtières (4).

Quant à sa demande tendant à obtenir une réduction de

(1) Mines, p. 134.
(2) Nos 182 et suiv.
(3) Dans tous les cas, la moitié seulement.
(4) Allo stato di questi titoli rimane stabilito il diritte che ha il ricorrente di coltivare le dette minerie, in virtu del precitato atto di acquisto ch'egli fece della Società d'Hurtières.

moitié sur le droit de seigneuriage, le Procureur général concluait à un supplément d'information.

269. Nous ignorons dans quels termes fut rendu l'arrêt ou manifeste de la Chambre des comptes, qui dut intervenir à la suite de ces conclusions, en conformité de l'art. 23 des lettres patentes de 1822; les représentants du sieur Grange se bornent à affirmer, dans leur Note au Ministre (p. 9), qu'à la suite de sa demande celui-ci fut porté sur le tableau des exploitants autorisés.

270. Ceci est possible ; ce qui est encore possible, c'est que le Procureur général abusé ait cru, en 1824, aux droits du sieur Grange sur la généralité des mines comprises dans le mandement des Hurtières ; mais ce qui est certain, c'est que l'art. 23 des Royales patentes de 1822, dont le sieur Grange avait invoqué le bénéfice, avait pour objet, non pas de conférer aux exploitants d'alors des droits plus étendus que ceux dont ils avaient joui antérieurement, mais seulement de maintenir et de confirmer ceux dont ils avaient joui jusqu'alors ; et ce qui est non moins certain, c'est que les actes visés dans la lettre du Procureur général (la transaction de 1776, l'acte de l'an X) n'avaient pu conférer de droits au sieur Louis Grange que sur les quatorze fosses provenues de l'hoirie de Jacques Didier.

271. Nous avons, au surplus, la preuve que l'administration sarde ne considérait pas le sieur Louis Grange comme investi d'un droit exclusif et absolu sur les mines d'Hurtières.

En fait, même après les événements dont nous venons de parler, les autres exploitants avaient continué leurs exploitations.

Or, il advint que cette promiscuité des exploitations amena des conflits et des luttes entre les ouvriers de plusieurs exploitants, notamment entre ceux d'un sieur Jean Brunier et ceux du sieur Balmain et du sieur Louis Grange.

Ces conflits et ces luttes acquirent un tel caractère de gravité vers 1823, que l'autorité administrative dut intervenir.

272. Si, aux yeux de l'administration, le sieur Louis Grange avait été légalement le seul propriétaire des mines d'Hurtières, le moyen de mettre fin à ces difficultés eût été bien simple : il eût consisté à suspendre les exploitations autres que la sienne.

Mais rien de pareil n'eut lieu, et voici ce qui arriva.

273. Dès l'année 1829, le sieur Louis Grange avait obtenu de l'administration la permission d'établir une galerie, dite de rabais, au-dessous de l'une des fosses qu'il exploitait, celle des Poules. L'exécution de ces travaux avait provoqué des réclamations de la part d'un autre exploitant, le sieur Jean Brunier, qui exploitait la fosse Sainte-Barbe, sise au-dessous de celle des Poules. Ces réclamations avaient été momentanément terminées, grâce à un règlement fait par un ingénieur des mines, règlement auquel les deux exploitants avaient promis de se conformer.

Mais, dès l'année suivante, la direction donnée par ces deux exploitants à leurs travaux respectifs devint l'occasion de nouvelles difficultés ; l'administration dut intervenir de nouveau, et, sur l'avis de l'ingénieur des mines, le vice-intendant de la province de Maurienne rendit, le 10 janvier 1831, une ordonnance prescrivant aux deux exploitants de laisser un massif inattaquable entre leurs deux exploitations.

Depuis cette époque jusqu'au 1er novembre 1832, aucune contestation ne s'éleva ; mais les ouvriers du sieur Grange, ayant continué la galerie de rabais dans une direction irrégulière, vinrent à rencontrer ceux du sieur Brunier, et les deux escouades, travaillant avec une égale ardeur pour se dépasser et se couper le chemin, finirent par former une percée à l'extrémité des deux galeries. Dans cette circonstance, qui pouvait compromettre la vie des ouvriers, le vice-intendant de la province, sur la demande du sieur Grange, délégua l'ingénieur des mines pour se rendre sur les lieux et prendre les dispositions que les circonstances exigeraient.

Cette visite eut lieu le 4 novembre 1832 : l'ingénieur ayant reconnu que les travaux ne pouvaient être poursuivis de part ni d'autre, sans exposer les ouvriers à un contact qui, dans leur animosité réciproque, pouvait amener les conséquences les plus funestes, le vice-intendant défendit aux deux exploitants de continuer leurs travaux sur ce point, et leur indiqua des lieux de retraite, où ils pourraient faire travailler, pour utiliser leurs ouvriers.

Les deux exploitants promirent de se conformer à ces prescriptions jusqu'à nouvel ordre.

Cependant l'ingénieur des mines, nommé Galvagno, avait fait un rapport, et il avait indiqué les mesures qu'il jugeait convenable d'adopter pour garantir à l'avenir la solidité des travaux et la sûreté des ouvriers.

De son côté, le vice-intendant de la province, persuadé que les mesures provisoires par lui prescrites seraient insuffisantes pour produire des résultats durables, que tôt ou tard les deux exploitants, attirés par l'appât d'un minerai dont, dit-il dans un acte dont il va être question, *la propriété et la jouissance n'étaient pas déterminées*, parviendraient de nouveau à se rencontrer, avait cherché à tenter la voie de la conciliation.

Les tentatives n'avaient pas réussi ; les deux exploitants avaient enfreint les défenses qui leur avaient été faites ; ils avaient quitté les points de retraite qui leur avaient été indiqués, et tenté de nouveau de se couper la route.

Dans cette situation, le sieur Balmain, qui exploitait la fosse de la Trinité, voisine de celle des Poules, exploitée par le sieur Grange, conçut à son tour des craintes de voir empiéter sur ses travaux, et recourut auprès du vice-intendant.

Celui-ci convoqua alors les parties, c'est-à-dire M. Louis Grange, M. Jean Brunier et M. Balmain, et, devant lui, comme aussi en présence de l'ingénieur Galvagno, intervint, le 11 février 1833, un acte auquel nous avons emprunté les détails qui précèdent (1), acte dans lequel les parties convin-

(1) Ces détails nous sont d'autant mieux connus, que l'interprétation de l'acte du 11 février 1833 a provoqué des difficultés, sur lesquelles la Cour de Cassation a statué par un arrêt du 16 juin 1862 : nous soutenions dans cette

rent des distances qu'elles observeraient dans leurs exploitations, et des points divisionnels qui en détermineraient les limites (1).

274. Cet acte serait inexplicable si, à cette époque, l'administration sarde avait pensé que le sieur Grange avait seul des droits sur les mines d'Hurtières : il ne peut s'expliquer et se justifier que si l'on admet, conformément à notre opinion, que les Royales patentes de 1822 avaient purement et simplement entendu maintenir la situation antérieure des exploitants sans la modifier.

275. A part cet acte, nous ne trouvons plus rien d'important à signaler jusqu'à l'édit du 30 juin 1840.

Notons cependant, en passant, un acte de vente du 20 février 1826 (2), par lequel un sieur Jacques Pichet, de Saint-Georges d'Hurtières, vendit à deux autres habitants de la même commune, les sieurs Joseph Ginet et Claude Dimier, ce qu'il appelait ses droits de propriété sur un filon de mine de fer ou autre mine, situé dans la fosse de Saint-Joseph, au-dessus de celle de Saint-Laurent.

Cette vente était faite pour le prix de 20 livres et de *deux livres de tabac à priser*, l'une de première, l'autre de seconde qualité.

Ce prix de vente indique le peu de valeur que les paysans d'Hurtières attachaient à leurs prétendus droits de propriété sur les filons qu'ils exploitaient.

affaire, à l'encontre de M. Balmain, les intérêts des représentants actuels de M. Jean Brunier.
(1) Pièce justificative 16.
(2) Pièce justificative 17

# CHAPITRE HUITIÈME.

---

## 1ʳᵉ SECTION.

### EXAMEN DE LA LÉGISLATION

Dispositions générales de l'édit. — Dispositions transitoires applicables à ceux qui exploitaient au moment de sa publication. — L'édit reconnaît trois classes d'exploitants. — Situation du sieur Grange, de la famille de Châteauneuf et des paysans.

276. Les dispositions de l'édit du 30 juin 1840, qui, comme celle des Royales patentes de 1822, doivent surtout fixer notre attention, sont celles qui ont réglé la situation des exploitants au moment de la promulgation de cet édit.

Les dispositions qualifiées de *Dispositions transitoires* font l'objet des art. 115 à 121.

277. Relativement aux dispositions générales de l'édit, nous nous contenterons de rappeler qu'à l'exemple des patentes de 1822, le droit de recherche fut, en principe, reconnu au profit de toute personne, à la condition d'obtenir par écrit l'autorisation du propriétaire de la surface, ou, à son refus, une autorisation spéciale de l'intendant de la province (art. 3) ; qu'il fut interdit d'exploiter des mines sans concession, sous peine de confiscation du minerai extrait et d'une amende de

100 à 500 livres (art. 16); que l'inventeur de la mine ou ses ayants-droit devaient être en principe préférés pour la concession (art. 19); que la superficie de la concession ne pouvait excéder un carré de 2 kilomètres de côté (art. 32); qu'à partir de la concesion, conformément aux dispositions de notre loi de 1810, et contrairement à celles des patentes de 1822, la mine devint une propriété nouvelle, distincte de celle de la surface (art. 37), perpétuelle, disponible et transmissible comme toute autre propriété (art. 36); enfin, que le concessionnaire dut payer aux finances Royales une redevance annuelle de 3 p. 100 sur la valeur du minerai brut (art. 51):

278. Quant aux exploitants, que l'édit de 1840 trouvait en possession, voici comment leur position était réglée.

### DISPOSITIONS TRANSITOIRES.

« Art. 115. Les *concessionnaires* antérieurs au présent édit deviendront, du jour de sa publication, propriétaires incommutables de la mine concédée....

« Art. 116. Pourront seuls être admis à jouir du bénéfice de l'article précédent, les concessionnaires dont les travaux seront en pleine activité à l'époque de la publication du présent édit, ou ne seront pas interrompus depuis plus de deux années sans cause légitime.

« Art. 117. Si les concessions obtenues ont une étendue illimitée ou excédant le *maximum* fixé par l'art. 32, le concessionnaire ne sera admis à conserver ses droits sur toute l'étendue de sa concession qu'en se conformant à ce qui est prescrit par le premier alinéa de l'art. 32 et par l'article 33....

« Art. 118. Les dispositions énoncées à l'art. 115 sont pareillement applicables aux concessionnaires qui ne se seraient pas conformés à ce qui était prescrit par les lois antérieures, pourvu, toutefois, que leurs travaux d'exploitation n'aient pas été abandonnés depuis plus de trois années.

« Art. 119. Les dispositions des art. 115, 116 et 117 seront aussi applicables à tous ceux qui justifieraient être investis de quelque droit de préférence ou de prélation, ou à leurs ayants-droit, quand il s'agira d'une mine exploitée lors de la publication du présent édit, ou dont l'exploitation aura été abandonnée depuis moins de trois ans.

« Art. 120. En cas de concession d'une mine située sur un fonds soumis à un droit de seigneuriage résultant d'une investiture à titre onéreux, la redevance fixée par l'art. 51 sera payée, à titre de seigneuriage, par le concessionaire.

« Art. 121. Toute personne qui serait légalement en possession d'exploiter une mine en vertu d'un titre autre qu'une concession souveraine, devra, dans les six mois qui suivront la publication du présent édit, recourir à notre secrétairie d'État de l'intérieur, à l'effet d'obtenir des lettres patentes de concession, lesquelles seront accordées sur la présentation des titres qui donneront droit à l'exploitation. »

279. Comme on le voit, l'édit de 1840 reconnaissait trois droits préexistants à sa publication :

1° Les concessionnaires anciens ;

2° Ceux qui avaient un droit de préférence ou de prélation ;

3° Ceux qui avaient une possession légitime autre que celle émanée d'une concession souveraine.

280. A cause de sa situation particulière, comme propriétaire de l'ancien fief d'Hurtières, la famille de Châteauneuf se considérait comme ayant tout à la fois une possession légitime et une concession souveraine ; de sorte qu'elle se trouvait classée dans la première et la troisième des catégories établies par l'édit de 1810. C'est dans la troisième catégorie que l'on pourrait ranger les paysans d'Hurtières ou leurs représentants, s'il était établi que leur possession fût légitime.

Ajoutons que c'est aussi dans celle-là, par la même raison, que le sieur Louis Grange devrait aussi être rangé : car, si ses représentants affirment que par suite des démarches faites par leur aïeul après la publication des patentes de 1822, celui-ci fut porté sur le tableau des exploitants autorisés, ils ne produisent aucun acte régulier de concession dans le sens précis de ce mot ; or, c'est à des concessionnaires seulement que les art. 115, 116 et 117 de l'édit de 1840 sont applicables.

## 2^me SECTION.

### EXAMEN DES FAITS ACCOMPLIS SOUS L'EMPIRE DE L'ÉDIT DU 30 JUIN 1840.

## § 1.

### Du 30 juin 1840 au 4 janvier 1853.

Procès engagés entre les exploitants à la suite de l'édit de 1840. — Frère-Jean et Balmain demandent une concession ; opposition de Grange, qui les assigne devant la Chambre des comptes. — Conclusions du Procureur général favorables à Grange. — Échecs de Grange devant la juridiction civile à l'encontre de Leborgne et Brunier.— Ordonnance du 30 juin 1848 par laquelle le magistrat de la Chambre des comptes se déclare incompétent. — Les parties reviennent devant la Cour d'appel de Chambéry. — Arrêt du 31 juillet 1850, qui déclare que Grange n'est investi d'un droit exclusif que sur les mines de cuivre. — Cet arrêt est cassé pour cause d'incompétence. — Manifeste du 25 janvier 1851, interdisant les exploitations de ceux qui n'avaient pas de concession. — Procès-verbaux dressés contre Balmain et Frère-Jean. — Un arrêt de la Cour de Chambéry du 21 mai 852 renvoie les parties à se pourvoir à fins civiles. — Grange assigne l'administration devant le Conseil d'intendance pour faire reconnaître ses prétendus droits.— Conclusions de l'Administration. — Le Conseil se déclare incompétent. — Un manifeste du 27 décembre 1852 suspend toutes les exploitations, sauf celle de M. Grange.

281. La publication de l'édit de 1840 devint entre les divers exploitants l'occasion de nombreux procès, qu'il importe de rappeler (1).

Dès cette année 1840, et un peu avant la publication de l'édit, deux des exploitants, MM. Balmain et Frère-Jean, avaient adressé une demande à l'administration générale de l'intérieur, pour obtenir une concession régulière des mines qu'ils exploitaient sur le territoire d'Hurtières.

Informé de cette demande, le sieur Louis Grange, persistant à se prétendre investi d'un droit exclusif d'exploitation sur la

_____

(1) La plupart des détails qui vont suivre sont extraits des qualités de l'arrêt rendu par la Chambre des comptes le 10 juin 1853.

généralité des mines comprises dans l'ancien mandement d'Hurtières, et seul muni d'une concession régulière, fait citer lesdits Balmain et Frère-Jean devant le magistrat de la Chambre des comptes, pour s'opposer à leur prétention. Il demande même, de son côté, que, *ex primo decreto*, il soit fait défense à ses adversaires de procéder à aucune exploitation ultérieure.

Cette dernière réquisition ne fut pas accueillie par le magistrat.

282. Ainsi cités devant le magistrat de la Chambre des comptes, Balmain et Frère-Jean soulèvent une exception d'incompétence; mais cette exception fut rejetée par un arrêt du 26 novembre 1842.

283. Obligés de conclure au fond, les défendeurs contestent le droit exclusif que le sieur Grange voulait s'attribuer, soutenant que, dans l'hypothèse qui lui était la plus favorable, il n'avait un droit exclusif qu'à l'exploitation des mines de cuivre, et ils invoquent en leur faveur ce qu'ils pouvaient invoquer, c'est-à-dire une possession prétendue immémoriale.

Cette possession parut insuffisante et inefficace au Procureur général, qui, par des conclusions du 10 octobre 1844, émit l'avis qu'il n'y avait pas lieu d'accorder aux sieurs Balmain et Frère-Jean la concession par eux sollicitée, et qu'il y avait lieu au contraire de leur faire défense de continuer leur exploitation sous les peines portées par l'art. 16 de l'édit de 1840.

284. Tandis que M. Grange remportait ce premier succès devant la Chambre des comptes, il subissait un échec devant le juge du mandement d'Aiguebelle, devant lequel il avait cité un autre exploitant, M. Leborgne, pour obtenir qu'il lui fût fait défense, à lui aussi, de continuer son exploitation. Une sentence du 27 novembre 1844, confirmée plus tard par un jugement du tribunal provincial de Maurienne du 18 juillet 1845 (1) débouta M. Grange de ses prétentions.

(1) Cette sentence et ce jugement sont cités à la page 13 de l'opuscule intitulé : « Analyse des matières et citations des documents relatifs à la question des mines de l'ancien mandement des Hurtières, par ordre de dates. »

Revenons à la Chambre des comptes.

285. Au vu des conclusions du Procureur général, Balmain et Frère-Jean se mirent en devoir d'appuyer leurs prétentions par de nouvelles productions, et ces productions furent, en effet, autorisées, malgré la résistance du sieur Grange, le 30 décembre 1844, par une ordonnance du magistrat statuant en état de référé : l'étoile du sieur Grange commençait à pâlir.

286. Elle pâlissait davantage encore devant la juridiction civile, devant laquelle il avait traduit un autre exploitant, le sieur Brunier, comme il y avait déjà traduit le sieur Leborgne. Aussi malheureux vis-à-vis du second que vis-à-vis du premier, il se vit débouté de ses prétentions, le 7 décembre 1846, par une sentence du juge du mandement d'Aiguebelle, et cette sentence fut, le 5 janvier 1847, confirmée par un jugement du tribunal provincial de Maurienne (1). Sans se décourager, le sieur Grange porta l'affaire devant la Chambre des comptes ; mais son recours fut rejeté par un arrêt du 15 juin suivant (2).

Revenons encore à la Chambre des comptes, où le procès engagé contre MM. Balmain et Frère-Jean était toujours pendant.

287. Un édit du 29 octobre 1847 et un décret du 22 avril 1848 ayant modifié les règles de la compétence en matière de mines, le magistrat de la Chambre des comptes se déclara incompétent le 30 juin 1848, par une ordonnance de référé et renvoya les parties devant la cour d'appel de Savoie.

288. Devant cette nouvelle juridiction, les parties demandèrent que le domaine fût mis en cause ; mais cette demande ayant été repoussée par un arrêt interlocutoire du 31 janvier 1850, MM. Balmain et Frère-Jean, d'une part, M. Louis Grange de l'autre, demeurèrent seuls en présence.

(1) Voir la note précédente.
(2) Notes Brunier, n° 54.

289. L'affaire fut jugée au fond par un arrêt du 31 juillet, qui reconnut au profit du sieur Louis Grange un droit exclusif pour l'exploitation de mines de cuivre, et *rejeta ses conclusions quant au droit exclusif sur les mines de fer*.

Ce demi-succès équivalait à une défaite ; car c'était pour les mines de fer que la lutte était principalement engagée.

290. Le sieur Grange s'étant pourvu contre cet arrêt, la Cour de cassation souleva d'office une question d'incompétence, et, par un arrêt du 21 juillet 1852, cassa l'arrêt de la Cour d'appel de Chambéry.

291. Cependant l'administration générale de l'intérieur, qui, comme nous l'avons vu, s'était tenue à l'écart du procès, avait fait publier, le 25 janvier 1851, un manifeste par lequel, en annonçant qu'il y avait plusieurs exploitations de mines de cuivre et de fer sur le territoire de la commune de Saint-Georges d'Hurtières, pour lesquelles on n'avait pas obtenu la concession prescrite par l'art. 16 de l'édit de 1840, et qu'on ne voulait pas tolérer plus longtemps un tel abus, elle enjoignait à tout individu dépourvu de concession de cesser tout travail dans les 24 heures, sous les peines prévues par la loi.

Les exploitants n'ayant pas obéi à ce manifeste, trois procès-verbaux furent dressés contre les sieurs Balmain et Frère-Jean, à la date des 5, 13 et 26 février 1851 ; mais, par une lettre du 25 avril suivant, écrite d'ordre supérieur, l'intendant général leur permit à titre de tolérance de continuer leurs exploitations.

292. Cependant, à la suite des procès-verbaux dont nous venons de parler, MM. Balmain et Frère-Jean avaient été cités devant le tribunal de Maurienne ; ce tribunal les condamna à l'amende, à la perte du minerai séquestré, et aux dommages envers les parties lésées.

Sur leur appel, le sieur Grange intervint comme partie civile devant la cour de Chambéry, qui, par un arrêt du 21 mai 1852, renvoya les parties au préalable à se pourvoir à fins civiles de-

vant le tribunal compétent, pour faire statuer sur leurs prétendus droits à une concession.

Un délai de trois mois, accordé à ces fins aux sieurs Balmain
et Frère-Jean, fut prorogé de quarante jours par un nouvel arrêt du 11 décembre.

293. Cependant, postérieurement à l'arrêt rendu par la Cour
de Chambéry le 31 juillet 1850, arrêt qui, comme nous l'avons
vu, n'avait reconnu au sieur Grange un droit exclusif d'exploitation que sur les mines de cuivre, celui-ci, pendant que la
Cour de cassation était saisie du pourvoi dirigé contre cet arrêt, avait, dès le mois d'août 1851, assigné l'administration
générale de l'intérieur devant le conseil d'intendance de Turin, pour voir dire que les droits qu'il prétendait avoir s'op-
posaient à ce qu'aucune concession de mines dans l'ancien
mandement des Hurtières fût faite à qui que ce fût, et par
suite qu'inhibition serait faite à l'administration et à ses agents
de le troubler dans le libre exercice desdits droits.

Mise en demeure de s'expliquer, l'administration générale
contesta énergiquement les prétentions du sieur Grange ; elle
nia formellement qu'il fût investi d'un droit exclusif sur la
généralité des mines comprises dans l'ancien mandement
des Hurtières, et elle conclut à ce qu'il fût débouté de sa demande.

Par jugement du 10 juillet 1852, le conseil d'intendance se
déclara incompétent.

294. Irritée de toutes ces difficultés, l'administration recourut à un parti extrême, avec l'espoir de les trancher d'un seul
coup.

Le 27 décembre 1852, un manifeste de l'intendant général
de Chambéry suspendit toutes les exploitations de Saint-
Georges d'Hurtières, à l'exception toutefois de celle du sieur
Grange.

295. Quelques jours après, le 4 janvier 1853, celui-ci
interjetait appel du jugement du conseil d'intendance du
10 juillet 1852.

M. Grange se croyait assuré d'un triomphe complet : mais on va voir que ses espérances furent aussi cruellement que promptement déçues.

## § 2.

**Du 4 janvier 1853 au 5 juillet 1856.**

Émotion produite par le manifeste du 27 décembre 1852. — Pétition à la Chambre des députés et au gouvernement. — Le comte de Châteauneuf fait reconnaître ses droits, et obtient de continuer son exploitation. — Balmain, Frère-Jean et Grange se retirent devant la Chambre des comptes. — L'Administration générale de l'intérieur est mise en cause. — Arrêt du 10 juin 1853, qui refuse de reconnaître un droit exclusif au profit du sieur Grange. — Nouvelles démarches du comte de Châteauneuf et du sieur Grange auprès de l'administration. — Second arrêt du 29 mai 1854, qui rejette de nouveau les prétentions du sieur Grange. — Les parties se retirent devant le Conseil d'intendance. — Conclusions prises par le comte de Châteauneuf. — Il transmet ses droits au sieur Barjaud.

296. La suspension prononcée par le manifeste du 27 décembre 1852 avait produit la plus vive émotion ; des pétitions avaient été immédiatement adressées par les parties lésées, soit à l'autorité administrative, soit au pouvoir législatif.

297. A deux reprises, la Chambre des députés de Turin émit le vœu que les travaux fussent continués (1).

Si l'administration ne s'empressa pas de déférer à ce vœu à l'égard de tous les exploitants, il n'en fut pas du moins ainsi à l'égard de l'un d'eux, M. le comte Castagnère de Châteauneuf.

298. Voici, en effet, la lettre qui lui fut adressée, le 9 mars 1853, par le Ministre des travaux publics, M. Paléocapa (2) :

« Sur les instances que vous avez faites, Monsieur, pour obtenir que la défense d'exploiter les mines de Saint-Georges d'Urtières soit levée, j'ai consulté le Procureur général de Sa Majesté, et celui-ci ayant été d'avis qu'il résulte des documents que vous avez produits *que vous étiez déjà antérieurement pourvu d'une concession souveraine pour l'exploitation des mines*

_____

(1) Notes Brunier, n° 1.
(2) La minute existe aux archives du ministère. Voir, aux pièces justificatives n° 18, le texte de la lettre en italien écrite de Turin au mois de décembre 1862 par M. Prasolony.

*du ressort d'Urtières*, il a été, en conséquence, écrit le 7 de ce mois à l'administration de l'intérieur, pour que ladite défense soit levée, et qu'il vous soit laissé la faculté de reprendre les travaux suspendus.

« Voilà ce qu'il me reste à vous faire connaître, en réponse au Mémoire que vous m'avez adressé et que je vous retourne en même temps avec tous les papiers qui me sont parvenus avec vos précédents Mémoires.

« Je vous présente... »

299. Il est évident que si, plus vigilante pour ses intérêts, la famille de Châteauneuf avait soumis plus tôt à l'administration les documents qu'elle lui avait fait parvenir en 1853, elle aurait empêché que de graves et nombreuses erreurs ne s'accréditassent au profit du sieur Grange, et que celui qui ne pouvait avoir que des droits infiniment restreints sur une partie infiniment minime des mines d'Hurtières, cherchât plus longtemps à se faire considérer et traiter comme propriétaire exclusif de la généralité de ces mines. Peu importe, d'ailleurs, ce défaut de vigilance au point de vue de la question présente, puisque l'inaction de cette famille n'a pu devenir la cause d'aucune déchéance.

300. Cependant, ainsi que nous l'avons dit précédemment, le sieur Louis Grange avait, le 4 janvier 1853, interjeté appel du jugement du 10 juillet 1852, par lequel le Conseil d'intendance s'était déclaré incompétent pour statuer sur ses prétentions à l'encontre de l'Administration générale de l'intérieur.

301. De leur côté, par un exploit du même jour, 4 janvier 1853, MM. Balmain et Frère-Jean avaient notifié à ce dernier un recours par eux formé devant la Royale Chambre des comptes, recours dans lequel ils déclaraient reprendre les instances auxquelles il avait été mis fin par l'arrêt de cassation du 21 juillet 1852, et par l'arrêt de la Cour de Chambéry du 11 décembre suivant, et dans lequel ils demandaient que, contrairement aux prétentions du sieur Grange, il fût décidé qu'aucun obstacle ne s'opposait à ce que les concessions par eux sollicitées leur fussent accordées.

302. Le 7 du même mois de janvier 1853, les sieurs Bal-

main et Frère-Jean notifièrent leur recours à l'Administration générale de l'intérieur, lui firent sommation d'intervenir, et conclurent, à son encontre, à ce que les inhibitions résultant du manifeste du 27 décembre 1852 fussent déclarées sans effet.

303. Le sieur Grange ayant demandé que son affaire personnelle contre l'Administration de l'intérieur fût jointe à celle des sieurs Balmain et Frère-Jean, il fut fait droit à cette demande, et, les deux instances se trouvant ainsi jointes, il fut statué, le 10 juin 1853, par un premier arrêt de la Chambre des comptes, qui, par les motifs y exprimés (1), décida :

1° Que les oppositions et exceptions faites dans les actes par l'avocat Grange ne faisaient pas obstacle aux concessions pour exploitation de mines dans le territoire de l'ancien mandement de Saint-Georges d'Hurtières, que le gouvernement du Roi croirait convenable de faire à Balmain et Frère-Jean, aux termes de l'édit du 30 juin 1840, sauf à l'avocat Grange à se conformer à cet édit, et à obtenir encore pour ses mines telle plus ample concession qu'il pourrait être le cas, aux termes de l'art. 117 de l'édit (délimitation de la concession);

2° Qu'elle devait absoudre, comme elle absolvait l'Administration générale de l'intérieur, de la demande d'indemnité proposée par le sieur Grange, pour n'avoir pas protégé et garanti ses prétendus droits;

3° Qu'elle devait suspendre, comme elle suspendait en ce qui avait trait aux sieurs Balmain et Frère-Jean, l'inhibition, en date du 27 décembre 1852, comme étant entachée du défaut de légitime concession, et jusqu'au vu de l'issue de leur demande analogue, sauf à l'Administration générale de l'intérieur de donner, au besoin, telles provisions partielles qu'elle reconnaîtrait nécessaires pour parer à tout danger de ruine dans l'exploitation de ces mines;

5° Qu'elle devait ordonner, comme elle ordonnait effectivement aux parties, quant au droit d'investiture pour l'exploita-

(1) Pièces justificatives, n° 19.

tion des mines dont il s'agissait, de procéder plus amplement chacune en ce qui la concernait.

304. Il nous paraît inutile de reproduire ici tous les motifs qui précèdent le dispositif de cette sentence; nous donnons aux pièces justificatives (n° 19) le texte complet de l'arrêt; on pourra s'y reporter; mais nous ne pouvons nous empêcher de faire remarquer que le magistrat de la Chambre des comptes commettait une erreur évidente, lorsqu'après avoir reconnu avec raison que, par l'acte du 3 juillet 1758, la Société Villat n'avait acquis que les 14 fosses de l'hoirie Didier, il ajoutait que, par la transaction du 8 juin 1776, cette Société avait été investie, en conformité des Royales patentes du 25 janvier 1772, des droits qui compétaient au Royal patrimoine sur *la généralité* des mines d'Hurtières.

Nous avons précédemment prouvé, au nᵒˢ 177 et suivants de ce travail, en rappelant les termes mêmes des lettres patentes de 1772, que la permission d'exploiter accordée à la Société Villat ne s'appliquait qu'aux mines acquises par elle du sieur Dumésier, c'est-à-dire aux 14 fosses de l'hoirie Didier, et nous avons établi, au n° 186, que la transaction de 1776 ne portait et ne pouvait porter que sur cette fraction des mines d'Hurtières.

Ajoutons qu'au surplus, l'erreur commise par le magistrat de la Chambre des comptes, en 1853, était singulièrement atténuée par cette déclaration consignée par lui dans l'un des motifs de sa sentence, que les droits, évidemment exagérés, qu'il croyait avoir été attribués au sieur Grange par le Royal patrimoine, ne l'avaient été qu'à la condition, pour celui-ci, de laisser continuer les exploitations de mines qui se pratiquaient par d'autres particuliers.

C'est là un important correctif qui, comme nous venons de le dire, diminue singulièrement la gravité de l'erreur.

305. Tandis que ce procès suivait son cours devant la Chambre des comptes, le 8 février 1854 (1), M. le comte de

(1) Voir pièce justificative 18, la lettre du mois de décembre 1862.

Châteauneuf faisait parvenir au Ministre des travaux publics une requête dans laquelle il demandait, non pas que le Gouvernement lui accordât une concession, il avait un titre, l'acte de 1687, mais que le Gouvernement, en conformité des art. 117 et 121 de l'édit de 1840, pourvût à la délimitation des mines qui étaient sa propriété. Un sieur Céliagno et d'autres personnes furent effectivement chargés de faire cette délimitation, et dressèrent même un rapport; mais rien ne put être décidé par suite des oppositions du sieur Grange.

Revenons maintenant à la Chambre des comptes.

306. A la suite de l'arrêt du 10 juin 1853 (1), le sieur Grange s'était pourvu auprès de l'Administration; et ayant produit quatre plans, comprenant chacun une portion de territoire n'excédant pas le maximum établi par l'art. 32 de l'édit de 1840, il avait demandé qu'un ingénieur des mines fût commis pour procéder immédiatement, nonobstant toute opposition, à la délimitation de ces quatre mines.

Avisée de cette prétention, l'Administration des travaux publics, qui avait été substituée à celle de l'intérieur, fit observer au sieur Grange, dans une dépêche, que, si les délimitations par lui proposées dans lesdits plans étaient accueillies, il en résulterait que l'arrêt du 10 juin 1853, qui lui avait refusé un droit exclusif sur les mines d'Hurtières, serait mis à néant; ce qui était inadmissible.

307. A la suite de cette réponse, le sieur Grange reprit son instance devant la Chambre des comptes, et demanda l'adjudication des conclusions, auxquelles l'Administration des travaux publics refusait de faire droit.

Ces conclusions furent, on le comprend, vivement combattues par MM. Balmain et Frère-Jean, qui faisaient observer, avec raison, que le sieur Grange essayait d'obtenir indirectement ce qui lui avait été refusé directement par l'arrêt du

(1) Voir pièce justificative 19.

10 juin 1853. Ces messieurs trouvèrent, d'ailleurs, dans l'avocat du Royal Patrimoine un auxiliaire désintéressé.

Quant à l'administration, afin d'éviter toutes discussions avec des tiers, elle demanda qu'obligation fût imposée aux exploitants, qui n'étaient pas en règle, d'accomplir les formalités prescrites *pour les nouvelles concessions,* et elle demanda, en outre, que le sieur Grange fût tenu de lui payer le droit de seigneuriage dont il avait suspendu le paiement.

308. Les choses étaient en cet état, lorsqu'au jour fixé pour le jugement de l'affaire, la commune de Saint-Georges-d'Hurtières demanda à intervenir ; mais son intervention fut rejetée, et il fut passé outre aux débats.

Démasquant alors toutes ses batteries, le sieur Grange ne fit pas difficulté de reconnaître que sa demande de délimitation avait pour objet de faire rejeter celle de ses concurrents ; que son but était « vraiment d'obtenir, par la délimitation pro-
« posée, la faculté d'exploiter là où les autres exerçaient leurs
« exploitations, et d'absorber ainsi ces exploitations mêmes. »

Cette prétention était trop manifestement condamnée par l'arrêt du 10 juin 1853, elle rencontrait dans l'autorité de la chose jugée un obstacle trop insurmontable pour qu'elle pût être accueillie.

309. Elle fut effectivement rejetée par la Chambre des comptes, qui, par un nouvel arrêt du 29 mai 1854 (1), « mit
« l'administration des travaux publics et les sieurs Balmain et
« Frère-Jean hors de cour, en ce qui regardait la demande de
« délimitation de mines, telle qu'elle avait été proposée par le
« sieur Grange, et ordonna à l'administration centrale des tra-
« vaux publics de procéder plus amplement au sujet du droit
« de seigneuriage, ou canon, par elle génériquement proposé. »

310. Ainsi battu devant la Chambre des comptes, le sieur Grange se pourvut devant le Conseil d'intendance générale de Turin, et assigna devant ce Tribunal tous les concurrents dont il voulait se débarrasser.

(1) Pièce justificative, 20.

Dans un Mémoire produit à la date du 28 mars 1855 (1), Mémoire dans lequel on trouve reproduits la plupart des actes et des faits que nous avons précédemment analysés, le comte René Castagnère de Châteauneuf conclut à une déclaration d'incompétence.

Il demanda que, « sans pour cela rien admettre de ce qui « avait été allégué par l'avocat Grange, et sans pouvoir recon- « naître ni être tenu de discuter aucune des prétentions et « productions adverses, le Conseil d'intendance se déclarât « incompétent pour connaître de ces contestations, et ren- « voyât, par conséquent, les parties à se pourvoir par-devant « le Tribunal compétent, pour déterminer les droits qui com- « pétaient à chacun sur la propriété et l'exploitation des mines « en question. En tout cas, il demanda d'être renvoyé des pré- « tentions adverses, avec condamnation de l'avocat Grange « aux dommages et aux dépens, faisant les plus amples ré- « serves de tous droits qui lui compétaient tant contre l'avocat « Grange que contre tous autres exploitants, pour s'assurer « des conséquences de sa propriété et de ses concessions, et « pour exiger à tout événement le droit de la moitié du sei- « gneuriage de tout exploitant. »

311. Les choses étaient en cet état lorsque les droits de la famille de Châteauneuf passèrent aux mains d'un sieur Barjaud.

§ 3.

**Du 5 juillet 1856 au 20 novembre 1859.**

Acte du 5 juillet 1856 ; le comte de Châteauneuf transmet ses droits au sieur Barjaud. — Constitution de la Société anonyme, dite Compagnie générale des mines et hauts-four- neaux de la Maurienne. — Approbation de ses statuts. — Barjaud ne payant pas son prix, est exproprié. — Jugement d'adjudication du 26 juillet 1859, au profit du comte de Vars. — Revente par M. de Vars à M. Berthod. — Traité entre M. Berthod et la Compagnie de la Maurienne.

312. Aux termes d'un contrat passé le 5 juillet 1856 (2), ed- vant Mᵉ Cholat, notaire au Pont-de-Beauvoisin, le baron René-

(1) Pièce justificative 21.
(2) Pièce justificative 22.

Victor Castagnère, comte de Châteauneuf, fils du comte Victor de Châteauneuf, vendit à un sieur Barjaud, avec toutes garanties de fait et de droit, et ce moyennant le prix d'un million, le haut-fourneau d'Argentine et les mines lui appartenant dans l'ancien mandement des Hurtières.

313. Voici d'ailleurs la désignation :

Sous l'art. 1ᵉʳ : toutes les mines de fer, de cuivre, de zinc, de plomb argentifère, ou de toutes autres natures de minerais que le vendeur possédait ou avait droit de posséder comme propriétaire, comme concessionnaire ou usufruitier, dans l'ancien mandement des Hurtières, et situées dans les communes de Saint-Alban, de Saint-Pierre de Belleville et de Saint-Georges d'Hurtières, ensemble tous les droits de recherches de mines et de préférence qui pouvaient incomber au vendeur en raison des mines alors exploitées dans lesdites communes, et comme conséquence naturelle ou légale des titres de concession ou de propriété des mines ;

Sous l'art. 3 : l'usine où les mines de fer étaient alors traitées, et spécialement le haut-fourneau d'Argentine ;

Sous l'art. 11 : la moitié des biens meubles et immeubles acquis conjointement avec le sieur Grange de la faillite des sieurs Deymonaz, aux termes d'un jugement d'adjudication du Tribunal de Maurienne du 18 septembre 1852, lesquels biens comprenaient notamment les forges et hauts-fourneaux de Modane, et la moitié des mines de fer ayant appartenu aux sieurs Deymonaz ;

Sous l'art. 14 : tous les droits que le vendeur avait à exercer contre les personnes exploitant indûment les mines de Saint-Georges ou de Saint-Alban, et de Saint-Pierre de Belleville, pour raison de l'exploitation faite jusqu'alors par lesdites personnes sans droits réels et au préjudice des droits du vendeur constatés par les titres énoncés au contrat.

314. Relativement à l'établissement de propriété, le vendeur déclarait, dans cet état, être personnellement propriétaire des biens vendus, comme les ayant recueillis directement dans la

succession de ses père et mère, et comme ayant été confirmé dans ses droits de propriété sur les mines par la décision ministérielle sus-relatée du 9 mars 1853.

Il déclarait ensuite : que ses auteurs tenaient eux-mêmes leurs droits du prince Emmanuel-Philibert-Amédée de Savoie-Carignan, aux termes du contrat passé devant le notaire Giaccone, à Turin, le 5 août 1687 ; que le prince de Carignan en était lui-même propriétaire comme les ayant recueillis dans la succession de la comtesse de la Chambre, en vertu du testament du 2 septembre 1623 ; que la comtesse de la Chambre les avait elle-même recueillis dans la succession de ses auteurs, dont l'un, le comte Louis de la Chambre, avait acquis la terre d'Hurtières du baron Amédée des Hurtières, aux termes d'un contrat reçu par le notaire Paradis, le 11 mars 1489 ; qu'enfin le baron Amédée des Hurtières était propriétaire de cette terre comme représentant direct de l'un de ses ancêtres, Nantelme des Hurtières, en faveur duquel Amédée, comte de Savoie, avait reconnu le droit de justice haute et basse, *le même et mixte empire* sur les trois communes de Saint-Georges, de Saint-Alban et de Saint-Pierre de Belleville.

Tous ces actes et tous ces faits nous sont connus.

315. Devenu, en vertu de cet acte, propriétaire des droits de la famille de Châteauneuf sur les mines d'Hurtières, le sieur Barjaud en fit l'objet d'un apport dans une Société anonyme, dite Compagnie générale des mines et hauts-fourneaux de la Maurienne, qu'il constitua par un acte passé en la Chancellerie consulaire de Sardaigne à Paris, le 11 avril 1857.

Les statuts de cette Société furent modifiés par un nouvel acte passé, le 26 juillet 1859, à la même Chancellerie. Cet acte contient les statuts définitifs de cette Compagnie.

Ajoutons que ces statuts ont été approuvés par une ordonnance du roi de Sardaigne, en date du 6 juin 1860, et que cette ordonnance a été elle-même confirmée, après l'annexion de la Savoie à la France, par un décret impérial du 8 septembre suivant.

La Compagnie anonyme des mines et hauts-fourneaux de la Maurienne a, comme on le voit, une existence parfaitement légale.

316. Le prix de la vente faite par le comte de Châteauneuf au sieur Barjaud, qui avait été fixé, comme on l'a vu, à un million, devait être payé aux créanciers hypothécaires inscrits sur les immeubles vendus.

M. Barjaud n'ayant pas payé ce prix, une procédure d'expropriation fut suivie contre lui, à la requête de plusieurs créanciers, et notamment de M. le comte de Vars, beau-père du comte de Châteauneuf. Un jugement du Tribunal de Saint-Jean-de-Maurienne, en date du 14 mai 1859, déclara le sieur Barjaud exproprié, tant des hauts-fourneaux que des mines par lui achetés.

Le 26 juillet suivant, aux termes d'un jugement rendu en l'audience des criées de ce tribunal, M. le comte de Vars fut déclaré adjudicataire de ces mines et hauts-fourneaux.

Ce jugement d'adjudication, frappé d'appel par le sieur Barjaud, fut confirmé le 22 décembre suivant par un arrêt de la Cour d'appel de Chambéry, et le pourvoi formé par le sieur Barjaud a été rejeté par la Cour de cassation française, le 11 décembre 1861.

M. le comte de Vars, devenu propriétaire des mines et hauts-fourneaux en vertu de l'adjudication du 26 juillet 1859, les a revendus, le 9 octobre 1862, à un sieur Berthod, banquier à Paris, aux termes d'un contrat reçu par Mᵉ Fourchy, notaire à Paris (1) ; et par suite d'un accord intervenu entre ledit sieur Berthod et la Compagnie de la Maurienne, le 7 décembre 1863 (2), celui-ci s'est engagé à investir cette Compagnie des droits qui lui ont été conférés par l'acte du 9 octobre 1862.

317. C'est dans l'intervalle écoulé entre l'arrêt de la Cour de

(1) Pièce justificative 23.
(2) Pièce justificative 24.

Chambéry, confirmatif du jugement d'adjudication rendu au profit de M. le comte de Vars, et l'arrêt rendu par la Cour de cassation française sur le pourvoi du sieur Barjaud, qu'eut lieu la seconde réunion de la Savoie à la France.

Avant d'aborder les conséquences de cet événement, au point de vue de la question qui nous occupe, nous devons dire un mot de l'ordonnance du roi Victor-Emmanuel, du 20 novembre 1859.

# CHAPITRE NEUVIÈME.

---

## 1ʳᵉ SECTION.

## § 1.

### EXAMEN DE LA LÉGISLATION.

Dispositions transitoires de l'ordonnance du 20 novembre 1859.

318. De l'ordonnance du 20 novembre 1859, comme de l'édit du 30 juin 1840, ce qu'il importe de retenir, ce sont les dispositions dites *transitoires ;* voici le texte de celles qu'il est utile de rappeler :

« Art. 118. Quiconque prétendrait avoir des droits de propriété sur une mine devra dans le terme de deux ans, à partir de la publication de la présente loi, en faire la déclaration au gouverneur de la province, au moyen d'une requête dans laquelle il énoncera.... les titres qui lui donnent droit à l'exploitation.

« L'omission de cette déclaration entraînera la déchéance de tout droit sur la mine....

« Art. 119. Les propriétaires contemplés dans l'article précédent, de même que les concessionnaires munis de lettres patentes Royales de concession, dont les exploitations ne seraient pas encore délimitées ou auraient une extension excédant 400 hectares, devront, dans le terme de deux ans, à compter de la publication de la présente loi, en demander la délimitation dans les limites établies de 400 hectares, ou la division en plusieurs exploitations distinctes....

« Art. 125. En cas de concession d'une mine située sur un fonds soumis à un droit de seigneuriage résultant d'une investiture à titre onéreux, la taxe proportionnelle (1) sera payée par le concessionnaire à l'investi.

## § 2.

### INFLUENCE DE L'ORDONNANCE DU 20 NOVEMBRE 1859 SUR LES FAITS ACCOMPLIS.

Cette influence est nulle. — Observation relative au droit de seigneuriage. — Nouvelle annexion de la Savoie à la France.

319. Cette ordonnance, si elle était demeurée longtemps applicable, n'aurait pu produire d'autre effet sur les faits accomplis au moment de sa publication, que de contraindre le Conseil d'intendance, qui, comme on l'a vu, était saisi des demandes respectives des exploitants, à statuer conformément aux prescriptions nouvelles de l'ordonnance, dans le cas où ces prescriptions auraient différé de celles de l'édit de 1840.

Ajoutons que, dans le cas où des concessions auraient été faites à d'autres qu'au comte de Châteauneuf, les concessionnaires auraient incontestablement dû être astreints, de par l'art. 125, à payer, soit à lui, soit à ses représentants, la moitié de la taxe proportionnelle fixée par l'art. 61.

320. C'est dans cette situation, et alors que le Conseil d'intendance de Turin était saisi de ces diverses demandes, que la Savoie a été de nouveau annexée à la France, en vertu du sénatus-consulte du 12 juin 1860.

(1) 5 0/0 du produit net de la mine (art. 61).

# CHAPITRE DIXIÈME.

---

**Effets de l'annexion. — La loi de 1810 redevient applicable. — Nécessité de maintenir les droits acquis.**

321. La nouvelle annexion de la Savoie à la France a eu pour résultat de soumettre de nouveau les mines au régime de la loi du 21 avril 1810, régime qu'il s'agit d'ailleurs de combiner, en tant que de besoin, au nom du principe de la non-rétroactivité des lois, avec le respect et le maintien des droits acquis au moment de l'annexion.

322. Depuis cette époque, les divers exploitants ont reproduit devant l'administration française les demandes qu'ils avaient déjà formulées devant l'administration sarde, et il s'agit aujourd'hui de régler d'une manière définitive leur situation.

11

# RÉSUMÉ.

323. Dans le cours de ce long travail, nous avons exposé les faits et analysé les actes relatifs aux mines situées dans l'ancien mandement des Hurtières avec une sévère impartialité. Nous avons cherché à mettre en relief la situation de chacun des exploitants. Il nous reste à faire une courte récapitulation et à conclure.

324. Ainsi que nous l'avons fait remarquer en commençant, les exploitants se divisent en deux catégories :

Les uns excavent purement et simplement du minerai et le vendent à des maîtres de forges ; ce sont : MM. Hubert, Bouvier, Leborgne et Brunier. Leurs exploitations ont relativement peu d'importance.

Les autres excavent du minerai et sont, en même temps, maîtres de forges ; c'est-à-dire qu'ils fondent directement dans leurs hauts-fourneaux les minerais qu'ils ont extraits de leurs filons. Ce sont : MM. Berthod et la Compagnie de la Maurienne, comme successeurs du comte de Châteauneuf, la famille Grange et MM. Balmain et Frère-Jean.

Comme nous l'avons déjà dit, depuis la nouvelle annexion de la Savoie à la France, aucun des exploitants n'a obtenu du gouvernement français une *concession* régulière, ou la confirmation de concessions antérieures, conformément à la loi de 1810.

Ils se présentent donc tous aujourd'hui devant l'autorité compétente, à l'effet de régulariser leur situation.

325. Or, s'il est possible d'accorder plusieurs concessions,

la question sera d'une extrême simplicité ; elle consistera à confirmer et maintenir chacun des exploitants dans sa situation actuelle, en délimitant le périmètre de son exploitation.

Mais si, comme le soutiennent les ingénieurs du gouvernement, on reconnaît qu'il est de l'intérêt public de n'accorder qu'une seule concession, afin d'arriver par là à une exploitation méthodique, rationnelle et économique qui évite toutes manœuvres inutiles, tous travaux superflus d'attaque et de défense et, par suite, tous gaspillages des richesses minérales que renferment les mines d'Hurtières, il est évident que cette unique concession ne saurait être accordée à aucun des exploitants de la première catégorie, c'est-à-dire à l'un de ceux qui se bornent à extraire du minerai et à le vendre.

En effet, ces exploitants n'ont aucun titre à invoquer autre que leur *occupation* ; ils représentent les paysans qui s'étaient installés là, en vertu de permissions spéciales accordées par les propriétaires des mines, avec des conditions qui n'ont pas été remplies ; ils y restent parce qu'ils y sont, voilà le fait.

Au surplus, leur exploitation, comme nous l'avons déjà fait remarquer, a relativement peu d'importance.

326. Restent donc en présence :

1° M. Berthod et la Compagnie de la Maurienne, comme étant aux droits du comte de Châteauneuf ;

2° La famille Grange ;

3° MM. Balmain et Frère-Jean.

## 1.

### LE COMTE DE CHATEAUNEUF

#### ET SES AYANTS-DROITS.

327. A ne consulter que le droit strict, résultant de la longue série d'actes que nous avons reproduits, qui remontent à plusieurs siècles, qui ont assis et maintenu la propriété du fief des

Hurtières entre les mains des comtes de la Chambre, puis dans celles des comtes de Châteauneuf, il ne peut s'élever aucun doute sur les droits de ces derniers et, par conséquent, de leurs successeurs, à la *généralité* des mines comprises dans cet ancien fief.

Cela est si vrai que même en l'absence de *concessions spéciales* octroyées conformément au dernier état de la législation minière, le gouvernement piémontais reconnaissait lui-même, à la date du 9 mars 1853, qu'il résultait « *des documents pro-* « *duits par le comte de Châteauneuf qu'il était déjà antérieurement* « *pourvu d'une concession souveraine pour l'exploitation des mines* « *du ressort d'Hurtières* (1). »

Cela est si vrai encore que M. Louis Grange reconnaissait lui-même que le comte de Châteauneuf était concessionnaire légitime, dans la requête qu'il adressait au préfet de la Savoie, au mois d'août 1812 (2).

Voilà qui prouve bien la situation exceptionnelle et prépondérante du comte de Châteauneuf parmi les exploitants.

Si cette situation a pu paraître un instant modifiée, cela n'a pu tenir qu'à l'incurie et à l'insouciance apportées par plusieurs membres de cette famille à la conservation de leurs droits sur les mines. Profitant de cette incurie et des permissions anciennement accordées par les propriétaires du fief d'Hurtières, des paysans du mandement se sont implantés sur le terrain des mines, y ont établi des fosses, excavé du minerai et ont fini par agir comme propriétaires en vendant successivement leurs exploitations, et cela, au mépris le plus évident du droit des propriétaires véritables, sans remplir aucune des conditions imposées au moment de l'octroi des permissions, et sans payer aucune redevance.

C'est par suite de l'acquisition qu'ils auraient ainsi faite de plusieurs paysans que MM. Hubert, Bouvier, Leborgne et Brunier, de même que MM. Balmain et Frère-Jean, exploitent aujourd'hui plusieurs filons des mines d'Hurtières.

(1) Voir la dépêche du ministre Sarde, insérée plus haut, page 148.
(2) Voir ci-dessus, pages 122 et suivantes.

Évidemment, une semblable situation ne saurait prévaloir à l'encontre de celle du comte de Châteauneuf ou de ses successeurs.

## 2.

### LA FAMILLE GRANGE.

328. La famille Grange cherche à se faire une situation différente, bien que, pour la plupart de ses filons, elle soit absolument dans le même cas que ceux des exploitants qui ont acquis des paysans.

Elle appuie principalement ses prétentions sur l'adjudication faite en 1758, au profit de Dumésier.

Mais il est bon de rappeler ici que l'acquisition des quatorze fosses faites par Dumésier ne donnait droit qu'à l'exploitation *du minerai de cuivre*. Néanmoins, une fois qu'ils ont eu le pied sur le terrain des mines et partant de l'acquisition Dumésier, les auteurs de la famille Grange et cette famille elle-même, à l'inverse des comtes de Châteauneuf, se sont ingéniés, avec une activité vigilante et une ténacité rare, à étendre, par tous les moyens possibles et petit à petit, la situation qu'ils avaient prise, et à empiéter ainsi, non-seulement sur le domaine et les droits de la famille de Châteauneuf, mais encore sur les exploitations des paysans, achetant les filons de ceux-ci, quand ils ne pouvaient les absorber autrement, et multipliant de toutes parts, dans la montagne, leurs points d'attaques et leurs points de recherches, de manière à en imposer au public et même à l'administration, sinon par le droit, au moins par le fait d'un envahissement continu, opiniâtre du territoire minier.

Il y a mieux, la famille Grange et ses auteurs ne se sont pas bornés à combattre sur le terrain des mines; depuis plus d'un siècle, ils n'ont cessé de faire et de soutenir d'incessants procès, pour essayer d'arriver, par ce moyen, à l'éviction des autres exploitants, et on peut dire que, de mémoire d'homme, on n'a vu de luttes plus animées, plus ardentes, que ·celles qu'ils ont engagées et soutenues, toujours sans le moindre succès, devant les Cours de justice de Turin et de Chambéry, contre les exploitants voisins.

Depuis 1810, notamment, il n'y a peut-être pas eu d'intervalle sans que la justice ou l'administration aient été saisies d'une contestation nouvelle par la famille Grange; à un procès a succédé un procès nouveau; et toujours la même déconvenuc en a été le résultat.

Il est donc vrai de dire que le but constant de tous les efforts de cette remuante famille dans la Maurienne, le point de mire de tous ses calculs, l'ambition, le rêve enfin dont ˙elle poursuit depuis près de soixante ans la réalisation avec une ardeur infatigable, avec une énergie que rien ne décourage, a été d'arriver à l'exploitation exclusive des mines de Saint-Georges-d'Hurtières.

D'ailleurs, il suffit de voir avec quelle assurance elle se présente encore aujourd'hui devant l'administration, pour se convaincre qu'elle n'a rabattu aucune de ses prétentions.

En présence de ces luttes ardentes, de ces compétitions passionnées, l'administration piémontaise semble n'avoir eu de tout temps qu'un seul but, celui de maintenir chaque exploitant dans la situation qu'il avait eue jusque–là, par suite de titres ou d'un simple fait de possession, sans jamais trancher définitivement la question de propriété et de concession et aussi, faut–il le dire, sans se préoccuper autrement de l'intérêt public qui aurait exigé que l'exploitation des mines des Hurtières fût sévèrement réglementée. Par suite de l'annexion de la Savoie à la France, c'est à l'administration française qu'incombe aujourd'hui le devoir de faire ce qui aurait dû être fait depuis longtemps, c'est-à-dire de régler une situation anormale, et de pourvoir, du même coup, à ce que peut exiger l'intérêt public.

Ainsi qu'on l'a vu, la famille Grange ne peut prétendre de droits que sur les quatorze fosses ci-dessus mentionnées, et encore pour l'exploitation du *minerai de cuivre* seulement.

C'est par suite d'empiétements abusifs qu'elle est parvenue, non-seulement à exploiter du minerai de fer, mais encore à s'établir dans d'autres filons.

Évidemment, une semblable situation ne peut pas plus que celle des exploitants de la première catégorie faire échec aux droits de la famille de Châteauneuf et de ses successeurs sur la *généralité* des mines des Hurtières.

· En terminant sur ce point, nous avons une remarque très-importante à faire : c'est que les héritiers Grange se trouvent aujourd'hui dans un état d'indivision ; que par conséquent la concession ne pourrait pas être faite à l'un d'eux seulement ; qu'elle devrait être faite à tous ; que, si l'un des héritiers ne voulait pas rester dans l'indivision, il y aurait lieu de morceler la concession immédiatement après son obtention, c'est-à-dire de revenir à l'état de promiscuité, qui a produit les inconvénients auxquels l'administration a résolu de remédier, à moins que le gouvernement, n'usant des droits qui lui sont attribués par l'art. 7 de la loi du 21 avril 1810, n'interdît le partage, ce qui amènerait la nécessité d'une licitation, et par suite, aux termes dudit article 7, la nécessité d'une nouvelle concession.

## 3.

### MM. BALMAIN ET FRÈRE-JEAN.

329. MM. Balmain et Frère-Jean ont une situation mixte ; ils font tout à la fois partie des exploitants de la première catégorie, comme étant aux droits des paysans, et des exploitants de la seconde catégorie, en qualité de maîtres de forges.

Mais en ce qui touche leur qualité de maîtres de forges, on doit faire remarquer que cette qualité n'est que transitoire , qu'ils ne possèdent pas de hauts-fourneaux, qu'ils sont simplement locataires du haut-fourneau appartenant à la commune d'Epierre, et cela pour trois années seulement. Ils ne peuvent pas espérer une prolongation de leur jouissance, puisqu'à l'expiration de leur bail, ce sont les héritiers Grange qui deviendront locataires de ce haut-fourneau, pour une période de neuf ans, en vertu d'un bail passé depuis plusieurs années déjà.

Il suit de là que MM. Balmain et Frère-Jean doivent être mis sur le même rang que les exploitants de la première catégorie et n'ont pas plus de droit qu'eux à la concession.

# CONCLUSION.

QUID, s'il est possible de morceler les concessions. — En cas de concession unique, cette concession doit être accordée aux représentants de la famille de Châteauneuf.

330. En définitive, s'il était possible de morceler les concessions suivant les exploitations actuelles, il y aurait lieu d'accorder aux représentants de la famille de Châteauneuf la concession de la *généralité* des mines, sauf distraction au profit des autres exploitants de la fraction des mines sur laquelle ils justifieraient d'un droit acquis, et sauf aussi le paiement par ces exploitants aux ayants-cause de la famille de Châteauneuf, de la moitié du droit de seigneuriage, puisque ce droit a été formellement maintenu à leur profit par l'art. 125 de l'ordonnance du 20 novembre 1859 ; puisque c'est là pour eux un droit acquis au moment de l'annexion ; puisque l'annexion, comme nous l'avons précédemment établi, n'a pu porter atteinte aux droits acquis au moment où elle s'est accomplie ; puisque d'ailleurs l'investiture, résultant au profit de la famille de Châteauneuf de l'acte du 22 février et 5 août 1687, a eu lieu à titre onéreux, ainsi que l'exige le susdit art. 125 ; puisqu'enfin ce droit de seigneuriage avait incontestablement perdu, à l'époque de l'ordonnance de 1859, le caractère féodal qu'il avait pu avoir à une autre époque, caractère qui aurait pu le faire tomber sous l'application des lois françaises abolitives de la féodalité.

331. Mais si l'intérêt public s'oppose à ce qu'il soit octroyé plusieurs concessions, auquel des exploitants la concession unique doit-elle être accordée à l'exclusion des autres?

Pour résoudre cette question, il faut d'abord résoudre celle-ci : Est-il, parmi les compétiteurs, un seul qui puisse justifier d'un titre régulier lui attribuant la propriété de la généralité des mines?.

Ce ne sont pas les héritiers Grange : ils n'ont de titre que pour les quatorze fosses de l'hoirie Didier.

Ce ne sont pas les représentants des paysans : on convient qu'ils n'ont aucun titre; le droit qu'ils exercent, non pas *ut universi,* c'est-à-dire comme membres de la commune de Saint-Georges-d'Hurtières, cette commune n'a manifestement aucun droit, mais qu'ils exercent *ut singuli,* ne peut résulter que d'un fait, la possession plus ou moins prolongée des filons qu'ils exploitent.

A défaut d'un titre écrit, les uns et les autres, c'est-à-dire les héritiers Grange et les paysans, peuvent-ils invoquer la prescription? C'est impossible; car, il est de principe que *tantum præscriptum quantum possessum.* Or, la possession de l'extrémité d'un filon ne peut pas conduire par la prescription à là propriété de l'autre extrémité ; la possession peut bien protéger l'occupation de la veille, mais elle ne saurait protéger celle du lendemain.

Un seul des compétiteurs a un titre : ce compétiteur, c'est le représentant ou plutôt ce sont les représentants actuels de la famille de Châteauneuf. Leur titre, c'est l'acte des 22 février et 5 août 1687, ce titre, par lequel le prince de Carignan a transmis à leur ayant-cause tous les droits des seigneurs d'Hurtières et des comtes de la Chambre.

Contre ce titre on ne peut pas invoquer de titre contraire; car l'acte du 12 mai 1782, passé avec le curateur, non pas de la discussion de Châteauneuf, mais de l'hoirie Marquisio, n'avait trait qu'au droit de seigneuriage ; quant

à l'arrêt de 1773, il n'a pas tranché la question de propriété.

On ne peut invoquer non plus ni déchéance, ni prescription.

La famille de Châteauneuf ou ses représentants actuels ont
donc seuls le droit d'obtenir, de par l'art. 53 de la loi de 1810,
la concession de toutes les mines comprises dans le mandement
d'Hurtières.

Accorder cette concession à d'autres qu'à eux, ce serait
commettre un excès de pouvoir, et violer un droit acquis, un
droit qui, aux termes d'une jurisprudence constante (1), doit
être respecté et consacré, lorsqu'il s'agit d'accorder une concession en conformité de l'art. 53 de la loi de 1810.

332. Si la concession est accordée à M. Berthod et à la Compagnie de la Maurienne, que deviendront les autres exploitants ?

Les art. 7 et 55 de la loi de 1810 permettent de résoudre
cette question.

Aux termes de l'art. 7, les concessionnaires, et à plus forte
raison les simples exploitants, peuvent être expropriés pour
cause d'utilité publique ; aux termes de l'art. 55, les cas extraordinaires qui peuvent se présenter, peuvent et doivent
être réglés par les actes de concession.

Rien ne s'opposerait à ce que l'acte de concession, qui inter-
viendra au profit de l'un des compétiteurs, nous avons dit au
profit duquel il doit intervenir, fixât et déterminât une indemnité, qui serait payée par le concessionnaire aux exploitants
non maintenus.

Si l'exploitation de leur mine leur était enlevée, en tant
que de besoin au nom de l'intérêt public, cette indemnité leur
serait accordée au nom de la justice et de l'équité.

333. Est-il besoin de faire remarquer, enfin, que dans le cas
où la concession ne serait pas accordée aux représentants de la

---

(1) Dalloz. Rép. Voir Mines, nos 452 et suivants.

famille de Châteauneuf, il y aurait lieu de tenir compte en
leur faveur, au point de vue de l'indemnité : 1° des réserves insérées au profit de cette famille, dans l'acte du 24 juillet 1715
(suprà n°ˢ 95 et suiv.), relativement au droit d'extraire le minerai nécessaire à l'alimentation du haut-fourneau d'Argentine ;
2° au point de vue des obligations qui devraient être imposées
au concessionnaire, du droit acquis à cette famille, de par
l'art. 125 de l'ordonnance royale sarde de 1859, de recevoir
la moitié de la taxe proportionnelle fixée par l'art. 61 de cette
ordonnance (5 p. 100 du produit net)?

334. Il y aurait lieu d'imposer cette obligation aux héritiers
Grange eux-mêmes, dans le cas où, contre toute attente, ils seraient déclarés concessionnaires.

Il ne faut pas oublier, en effet, qu'au point de vue du droit de
seigneuriage, s'ils sont les ayants-cause du banquier Marquisio,
celui-ci n'avait pas été investi par l'acte du 24 juillet 1715
(suprà, loc. cit.) de la propriété de ce droit de seigneuriage ;
qu'il avait été investi purement et simplement du droit de percevoir les revenus du fief d'Hurtières, jusqu'à concurrence de
sa créance, en capital et intérêts ; que par l'arrêt du Sénat de
Chambéry du 18 décembre 1758 (suprà, n° 158), cette créance
ne s'élevait plus qu'à 26,700 livres, desquelles il y avait encore
lieu de déduire les sommes perçues sur les revenus du fief de
1715 à 1758 ; que ce serait l'occasion d'un compte à établir
entre les représentants du banquier Marquisio et ceux de la famille de Châteauneuf ; mais que l'établissement et les résultats
de ce compte, quels qu'ils fussent, ne sauraient avoir pour résultat de détruire, dans leur principe et dans leur germe, les
droits qui appartiennent à la famille de Châteauneuf, au point
de vue des droits de seigneuriage.

335. C'est sous le mérite des observations consignées dans
ce travail, et sous la réserve la plus expresse de tous leurs droits
contre qui il appartiendra, que M. Berthod et la Compagnie

générale des mines et hauts-fourneaux de la Maurienne reven-
diquent la concession à leur profit ou plutôt la confirmation de
leurs droits de propriété et de leurs concessions antérieures
sur toutes les mines comprises dans l'ancien mandement des
Hurtières.

Paris, 10 février 1865.

## J. BOZÉRIAN,

*Avocat au Conseil d'État et à la Cour de Cassation.*

# BORDEREAU

# DES PIÈCES JUSTIFICATIVES

PRODUITES

A L'APPUI DU PRÉSENT MÉMOIRE.

---

1. Transaction du 24 septembre 1344. — Traduction Meldola.

2. Lettres patentes du 17 mars 1497.

3. Acte d'investiture du 11 octobre 1504.

4. Acte d'investiture du 14 mars 1566.

5. Lettres patentes du 27 septembre 1566.

6. Arrêt de la Chambre des comptes du 24 octobre 1566.

7. Acte du 7 avril 1662.

8. Acte du 17 mars 1664.

9. Acte du 12 novembre 1670.

10. Acte du 14 décembre 1676.

11. Acte du 22 février 1687.

12. Traduction du Sommaire n° 739 à 746.

13. Arrêt du 18 décembre 1758 (par extraits).

14. Transaction du 18 mai 1782.

15. Pétition de M. Louis Grange en 1841.

16. Acte Galvagno du 11 février 1833.

17. Acte de vente du 20 février 1826.

18. Lettre du 9 mars 1853, en italien, et lettre de décembre 1862.

19. Arrêt du 10 juin 1853.

20. Arrêt du 29 mai 1854.

21. Mémoire du 28 mars 1855.

22. Contrat du 5 juillet 1856.

23. Statuts de la Cie de la Maurienne. — Ordonnance approbative du 6 juin 1860. — Décret impérial du 8 septembre 1860.

24. Contrat Berthold du 9 octobre 1862.

25. Conventions du 7 décembre 1863.

Paris. — Imprimerie Divry et C⁰, rue Notre-Dame des Champs, 49.

PARIS. — IMPRIMERIE DIVRY ET Cᵒ,
rue Notre-Dame des Champs, 49.

www.ingramcontent.com/pod-product-compliance
Lightning Source LLC
Chambersburg PA
CBHW060539210326
41519CB00014B/3279